GEOGRAFIA E
CONHECIMENTOS CARTOGRÁFICOS

FUNDAÇÃO EDITORA DA UNESP

Presidente do Conselho Curador
Herman Jacobus Cornelis Voorwald

Diretor-Presidente
José Castilho Marques Neto

Editor-Executivo
Jézio Hernani Bomfim Gutierre

Conselho Editorial Acadêmico
Alberto Tsuyoshi Ikeda
Áureo Busetto
Célia Aparecida Ferreira Tolentino
Eda Maria Góes
Elisabete Maniglia
Elisabeth Criscuolo Urbinati
Ildeberto Muniz de Almeida
Maria de Lourdes Ortiz Gandini Baldan
Nilson Ghirardello
Vicente Pleitez

Editores-Assistentes
Anderson Nobara
Fabiana Mioto
Jorge Pereira Filho

GEOGRAFIA E CONHECIMENTOS CARTOGRÁFICOS

A CARTOGRAFIA NO MOVIMENTO DE RENOVAÇÃO DA GEOGRAFIA BRASILEIRA E A IMPORTÂNCIA DO USO DE MAPAS

JOSÉ GILBERTO DE SOUZA
ÂNGELA MASSUMI KATUTA

© 2000 Editora Unesp
Direitos de publicação reservados à:
Fundação Editora da Unesp (FEU)
Praça da Sé, 108
01001-900 – São Paulo – SP
Tel.: (0xx11) 3242-7171
Fax: (0xx11) 3242-7172
www.editoraunesp.com.br
www.livrariaunesp.com.br
feu@editora.unesp.br

Dados Internacionais de Catalogação na Publicação (CIP)
(Câmara Brasileira do Livro, SP, Brasil)

Souza, José Gilberto de
Geografia e conhecimentos cartográficos. A cartografia no movimento de renovação da geografia brasileira e a importância do uso de mapas / José Gilberto de Souza, Ângela Massumi Katuta. – São Paulo: Editora Unesp, 2001.

ISBN 85-7139-352-4

1. Cartografia 2. Geografia 3. Geografia - Estudo e ensino 4. Mapas 5. Professores - Formação profissional 6. Professores de geografia I. Katuta, Ângela Massumi. II. Título.

01-1766   CDD-526

Índice para catálogo sistemático:
1. Cartografia geográfica 526

Este livro é publicado pelo
Projeto *Edição de Textos de Docentes e Pós-Graduados da Unesp* –
Pró-Reitoria de Pós-Graduação e Pesquisa da Unesp (PROPP)/
Fundação Editora da Unesp (FEU)

Editora afiliada:

Asociación de Editoriales Universitarias
de América Latina y el Caribe

Associação Brasileira de
Editoras Universitárias

Aos nossos familiares, amigos e alunos.

É assim que avança o conhecimento, que não é uma revelação num dado instante, nem mesmo uma marcha linear e simples da ignorância ao conhecimento, mas uma estrada cheia de complicados meandros, que acompanha os acidentes do terreno sobre o qual ela passa e que, por vezes, deve voltar atrás. É apenas uma estrada, um caminho que passa através da natureza; mas como diz Hegel numa fórmula singular e profunda: *é um caminho que se faz a si mesmo.*

(H. Lefebvre)

SUMÁRIO

Prefácio	11
Apresentação	17
Introdução	23
1 A questão metodológica	25
2 A escola, o ensino de Geografia... na busca de um sentido	31
A escola e o ensino de Geografia: o ser e o vir a ser	33
3 Cartografia: saber necessário (?)	53
Geografia e representação	55
A pesquisa em Cartografia Geográfica no Brasil: o estado da arte	57
4 A formação do professor	63
Formação do professor: competência e compromisso	67
O saber do professor	75

5 O debate geográfico 81
O debate geográfico e a Proposta da CENP 83
Um saber instituinte e instituído:
o caso do Estado de São Paulo 85
Uma representação sobre a Cartografia 100

6 Ensino de Geografia x mapas – uso necessário? 109
Mapas: conceitos e funções para o ensino de Geografia 110
O mapa no ensino de Geografia 120
Uso de mapas = alfabetização cartográfica
e/ou leiturização cartográfica? 130

Considerações finais 141

Referências bibliográficas 147

PREFÁCIO

A tarefa de apresentar um livro sempre nos coloca o desafio de comentá-lo com a devida distância e isenção. Essa atitude racional torna-se difícil porque nunca somos isentos e frios quando os laços se estreitam pelas mais diversas razões, principalmente quando se trata, como no presente caso, de autores que já estiveram muito próximos a nós em diferentes momentos (em curso de graduação e em atividades de pesquisa acadêmica na pós-graduação).

José Gilberto de Souza e Ângela Massumi Katuta formaram-se em Geografia na Universidade Estadual Paulista (Unesp), Campus de Presidente Prudente, onde foram nossos orientandos na graduação e no mestrado em Geografia, apresentando brilhantes dissertações que marcaram a produção intelectual do curso. Neste ano de 2001, Gilberto, que doutorou-se pela USP em maio de 1999, está trabalhando na Unesp de Jaboticabal. Ângela trabalha na Universidade Estadual de Londrina. Seguramente, continuam com sua força e objetividade, reforçadas durante sua graduação e pós-graduação, na pesquisa e no ensino, contribuindo para os trabalhos de outros alunos e de novos projetos de pesquisa.

É essa certeza – de continuidade na produção intelectual que preside as possibilidades de transformação e crescimento pessoal – que nos faz continuar acreditando nos indivíduos e em suas contribuições intelectuais.

A Geografia e os conhecimentos cartográficos têm uma relação com a escola que, não por acaso, remonta ao século XIX. Tão forte e duradoura relação não pode ser encarada como fato natural, mas como resultado das relações sociais que engendraram a escola que agora se analisa.

É com essa premissa básica que propomos ao leitor fazer sua análise do presente texto, que é resultado das principais reflexões extraídas das duas dissertações dos autores, intituladas *Cartografia e formação docente* e *Ensino de Geografia x mapas*: em busca de uma reconciliação... Vamos lembrar algumas características de cada uma das duas, apresentadas neste texto como unidade.

Na busca de novos conhecimentos para sua incorporação ao temário da educação, os autores visam contribuir com o debate geográfico por meio das discussões metodológicas sobre pesquisa e ensino para a formação dos professores de Geografia, aproximando a Cartografia e o ensino da Geografia, considerando a realidade da docência nas escolas de ensino médio, confrontando-as com a proposta curricular elaborada, na década de 1980, pela Coordenadoria de Normas Pedagógicas, da Secretaria Estadual de Educação do Estado de São Paulo (CENP), cuja filosofia provocou inúmeras controvérsias entre aqueles profissionais ligados à educação.

As concepções de saber que fazem parte da formação universitária do estudante de Geografia precisam ir além da graduação, além das "melhores condições de trabalho e salário", para reconhecer o professor em seu papel intelectual e para ir além dos "modelos" preconcebidos de docente e de cidadão, buscando condições para uma prática docente qualificada. Para que isso possa ocorrer, os autores propõem, a partir da análise da formação do docente, a necessidade de o indivíduo se comprometer com as transformações sociais em sua prática cotidiana de trabalho, mesmo quando se trata do cotejo entre a necessidade de produzir, ler e interpretar mapas e o conhecimento geográfico, tema que cada vez mais vem ganhando relevância nas preocupações dos geógrafos.

Para organizar suas exposições, eles apresentam o estado da arte da pesquisa em cartografia no Brasil, considerando três conjuntos principais de trabalhos realizados: a metodologia de ensino, a teoria da aprendizagem e as técnicas de comunicação cartográficas. Esses conjuntos são analisados a partir das diferentes contribuições tanto de autores brasileiros que se debruçaram sobre o tema quanto daqueles autores estrangeiros que muito contribuíram para a mesma tarefa.

Além do mais, é preciso encarar a Cartografia além de seus aspectos visuais e artísticos – seus aspectos puramente técnicos – propondo alternativas para sua utilização que ultrapassem o simplismo da imagem e cheguem ao nível de conhecimento necessário para a compreensão da realidade social em que o indivíduo vive e que pode ser transformada, transformando-se também. Para esboçar essa possibilidade, é preciso que a formação do professor seja desenvolvida com competência e compromisso, sem qualquer dualismo, mas buscando romper com essa possibilidade pela definição clara dos planos pedagógico e político, não eliminando em nada a necessidade de saber produzir a informação geográfica e de fazer sua leitura da maneira mais rigorosa possível.

Um outro aspecto que deve ser considerado, nesse momento, é a contribuição da proposta da CENP, que, mesmo tendo sido interpretada, mais ideológica que pedagogicamente, por muitos intelectuais e professores do ensino fundamental e médio que se sentiram por ela afetados, serviu como baliza para uma década de discussões sobre o ensino de Geografia que muito incomodaram os defensores do conservadorismo ou da mantença do *status quo* na educação brasileira.

Acrescente-se agora, ao debate, a contribuição de suas reflexões sobre assuntos tão importantes para o ensino como a escola e o ensino da Geografia, o mapa e seu uso no ensino e a alfabetização cartográfica.

Vamos continuar esse assunto mais pausadamente. Sobre a escola e o ensino da Geografia, a exposição confronta o "ser" e o "vir a ser" por meio da crítica à reprodução de um conhecimento instituído (um "saber específico") para a reprodução da situação cristalizada na escola (como aparelho ideológico do Estado) que representa uma "violência simbólica" no ensino da Geografia.

Os autores entendem a escola como resultado de um longo processo de contradições que reproduzem os conflitos sociais em seu interior. Essa concepção de escola supera aquela que mantém sua existência com a preocupação de repassar os conteúdos geográficos da maneira mais detalhada possível porque vai se preocupar, no seu "vir a ser", em conter objetivos, em primeiro lugar, na sua orientação e escolha, para "ensinar a pensar". O conhecimento enumerado nos planejamentos escolares ou no livro didático não se torna totalidade quando "entra na cabeça do aluno".

A escola, para se tornar algo que supere seu estatuto de reprodução do poder do Estado, tem que contar com o papel de profissionais que assumam o compromisso político baseado numa prática pedagógica que deve ensinar o aluno a pensar.

O mapa é fundamental como elemento desse processo de ensino, de comunicação, desde que seja ligado ativamente a seu leitor quando ele procura resolver algum problema que se lhe apresenta e que diz respeito à localização. Como documento, o mapa pode tanto sugerir novos raciocínios como apontar para possíveis respostas de questões colocadas anteriormente, como as perguntas "O quê?" e "Onde?", às quais devemos acrescentar outras perguntas, como "Por quê?", "Quando?" e "Quanto?". Com isso, pode-se usar o mapa como instrumento que vai além de sua utilização mais comum, que é apenas localizar, informar, orientar.

Apesar da importância dada ao mapa, Gilberto e Ângela mostram claramente que a opção pelo materialismo histórico na elaboração de uma proposta pedagógica para o ensino fundamental e médio (que representou um momento muito importante para o debate do ensino de Geografia) no Estado de São Paulo, nos anos 80, levou muitas pessoas a, em nome da negação aos aspectos "técnicos" do ensino, prescindir do mapa e de todas as possibilidades que ele continha para uma alfabetização cartográfica porque as associavam à "geografia física". Nada mais equivocado!

Assim, de subutilizado (como já vinha acontecendo no ensino de Geografia até então), o mapa passa a ser negligenciado, com a ideia de passar da observação diretamente para os diversos níveis de abstração.

Baseando-se, enfim, nessas reflexões sobre o papel dos conhecimentos cartográficos no ensino da Geografia e dos mais diferentes aspectos concernentes à formação do docente em Geografia, este texto torna-se mais uma contribuição para apontamentos que podem levar o docente (formado ou em formação universitária) a assumir e exercer seu papel de intelectual. E isso pode ser conseguido acompanhando, analisando e compreendendo o que os autores propõem.

Eliseu Savério Sposito

APRESENTAÇÃO

> Idealistas também devem ser considerados todos quantos, dentre nós, sabem e dizem como poderosas são as consequências de uma atitude mental e quantos traços pode ela gravar na Geografia de um país.
> *(Pierre Monbeig)*

O trabalho, em sua apreensão ideal e concreta, é o que torna contraditórias a produção e a reprodução existencial de mulheres e homens que vivem sob a égide do modo de produção capitalista. Os processos de apreensão do trabalho ganham formas e a ausência de reflexão dos sujeitos permite que algumas dessas formas constituam-se como hegemônicas e, no limite, unívocas. Ao longo de nossa vida, essas formas integram um conjunto de representações acerca do mundo e de nosso fazer que, potencialmente, podem vir a se tornar elementos necessários para a mantença do atual estado de coisas ou para sua transformação.

Propomos algumas reflexões, materializadas no presente livro, exatamente com o intuito de contribuir com a elaboração e/ou reelaboração do fazer pedagógico dos professores de Geografia.

Pensar a questão da formação docente no Brasil, e especificamente a dos professores de Geografia, parece-nos, na atual conjuntura, tarefa árdua e valiosa, sobretudo porque as universidades e escolas públicas do ensino fundamental e médio veem-se pressionadas pelo sucateamento material e humano alavancado por um projeto político pedagógico que autoritariamente, a partir dos ditames do Banco Mundial e da subserviência do governo de Fernando Henrique Cardoso, impõe a nós, professores de todos os níveis de ensino, como devemos pensar, agir em sala de aula, que conteúdos deveremos trabalhar (Parâmetros Curriculares Nacionais, aliados a "avaliações externas" ou provões), que livros didáticos adotar, entre outros.

Os problemas pelos quais está passando o ensino público de todos os níveis, a nosso ver, contraditoriamente, podem se transformar em elementos que nos façam construir, de forma coletiva, um conjunto de ações contra as proposições autoritárias que estão ocorrendo no plano da educação brasileira. Nosso trabalho visa, portanto, contribuir com as discussões e reflexões que estão sendo elaboradas pelos docentes de Geografia interessados na melhoria da qualidade efetiva da educação pública para todos.

Questões que se referem ao ensino, e particularmente ao de Geografia, afligem grande parte dos docentes envolvidos com o trabalho nessa ciência e disciplina; basta verificar o interesse e empenho deles em obter informações e subsídios para reflexões acerca da formação docente, do exercício profissional, da qualidade do ensino e das práticas pedagógicas diferenciadas, entre outros.

Objetivamos, com o livro que ora apresentamos, contribuir com o debate geográfico, na perspectiva de inserir reflexões especificamente sobre o ensino de Geografia e o uso de uma linguagem que lhe é própria: a cartográfica. Para isso, iremos inserir reflexões metodológicas sobre o ensino e a pesquisa em Cartografia Geográfica, refletindo sobre os possíveis caminhos da formação de professores de Geografia, ao mesmo tempo que buscamos elaborar discussões sobre a possibilidade de uma aproximação científica entre a formação cartográfica e o ensino da referida disciplina. Não obstante, elaboramos um conjunto de reflexões que podem fomentar o debate sobre a importância dos conhecimentos geocartográficos junto ao fazer pedagógico do professor que se propõe a ensinar seus alunos a entenderem a lógica das diferentes territorialidades construídas pelos seres humanos.

A busca desses objetivos reside na consciência que temos de que discutir os problemas de formação geocartográfica do professor de Geografia é uma tarefa que não se resume nela mesma. O trabalho de formação de geógrafos-professores não pode ser efetivado valorizando-se apenas uma dimensão da prática docente (técnica, política, teórica ou prática); em geral, verifica-se o privilegiamento de um ou outro aspecto. Em decorrência dessas práticas, que trazem em seu bojo determinadas concepções de mundo, ciência e Geografia, criam-se concepções técnicas, teóricas, políticas ou práticas de saber; em outras palavras, criam-se dualidades que não contribuem para o entendimento e a superação das problemáticas existentes. Esses saberes não superam a dimensão da prática apenas discursiva, ou da reprodução mecânica de conteúdos, entendimentos e fazeres pedagógicos que são, em geral, impostos. O saber somente rompe com essas concepções quando se constrói a partir da unidade do movimento teórico-prático.

A pesquisa e o ensino de Geografia deveriam ser refletidos a partir dessa unidade, pois entendemos que é em razão dela que poderemos vislumbrar alguns encaminhamentos profícuos para a formação docente. Esta, a nosso ver, não pode ter uma única dimensão privilegiada, de forma unilateral, seja ela técnica, política ou do ponto de vista do domínio de conteúdos específicos. É preciso resgatar, portanto, o entendimento de que a formação docente ocorre a partir de uma unidade que deve privilegiar a dimensão política, a técnica, o domínio de conhecimentos específicos e outros mais amplos que garantirão ao profissional professor construir, em sua trajetória, uma autonomia pessoal e intelectual.

Ao discutirmos a questão da formação docente, partimos do pressuposto de que não se pode atribuir ao professor toda a responsabilidade pelo fracasso escolar e conjunto de problemas que a escola pública vem enfrentando. Reconhecemos, desde o momento em que iniciamos nosso trabalho, que existe um conjunto de decisões de cunho político, social e econômico que são fatores relevantes para explicar a atual situação do ensino público no Brasil mas que, infelizmente, até por seu próprio caráter, acabam sendo escamoteados ao longo do processo. O professor passa então a ser o algoz e o aluno, sua principal vítima. É preciso ter cuidado com essas perspectivas, pois elas, ao centrarem seu foco de crítica apenas na prática docente, acabam por não considerar aspectos políticos e econômicos relevantes que devem ser compreendidos caso se queira construir uma visão mais ampla dos problemas aos quais já nos referimos.

É preciso salientar que não buscamos estabelecer a reprodução de modelos academicistas que valorizam práticas pouco colaboradoras com os professores, como o "cobaísmo", porque os reconhecemos como sujeitos integrantes do processo de reflexão a que ora nos propomos.

Antecipamos também que não foi nosso objetivo traçar um perfil ideal de formação ou prática docente, pois para nós essa questão não se coloca, uma vez que compreendemos tratar-se de um debate mais amplo, necessariamente coletivo e, por isso, rico de perspectivas e possibilidades.

Verificamos que as implicações diretamente vinculadas ao "modelo" teórico marxista burlam sua gênese, porque não se trata de discutir aspectos mais estruturais, como fazem alguns autores ao colocarem a questão do trabalho docente e suas deficiências somente no plano da divisão do trabalho. Essa leitura, a nosso ver, incorre em dois problemas: primeiro, isenta o professor de sua responsabilidade prática e social, pois não rompe com esse "devir histórico linearizado" da divisão social e técnica do trabalho; em segundo lugar, essa leitura como dimensão única para o entendimento da questão, ao equacioná-la de forma imediata, propõe uma resolução, um "resultado": a alienação do trabalho. Não a desconsideramos, mas não é o lugar em que ancoramos nossas dúvidas, pensando termos achado o porto seguro.

Apresentamos, sim, um outro questionamento que busca superar a divisão intelectual do trabalho sob a égide da qual é entendida a especialização docente. No atual momento e em alguns meios acadêmicos, ocorrem discussões interdisciplinares como forma de superação da fragmentação do conhecimento, da exacerbada especialização docente. No entanto, acreditamos que existe uma questão sobre a qual se deve refletir previamente: há especialistas na rede de ensino fundamental e médio?

Assumimos, nessa altura, que o caminho da interdisciplinaridade[1] é fundamental para romper as estruturas positivistas de entendimento da realidade, do conhecimento, mas assumimos também que esse processo demanda reflexões para garantir um ponto de partida, uma singularidade, uma formação como início de intervenção no cotidiano da história, em nosso caso a Geografia.

Uma prática docente qualificada permite esse processo; e visualizá-lo, em suas múltiplas determinações, é uma questão de método que permitirá transitar na reflexão sobre a formação e a prática docente em sua dimensão técnica e política, da disciplinaridade à interdisciplinaridade, do teórico ao prático e vice-versa, e possibilitará uma lucidez em nossa reflexão, intervenção e preocupação sistemática com o fazer, com o produzir e com o conhecer (saber). É preciso saber que o Saber pode se expressar em lucidez científica e política no trabalho pedagógico que deve, necessariamente, ser construído coletivamente.

A reflexão de Monbeig, citada na epígrafe, reabre, pois, a discussão sobre as posturas teórico-metodológicas, ao reconhecer como "poderosas são as consequências de uma atitude mental e quantos traços ela pode gravar na Geografia de um país".[2]

O termo utilizado pelo autor citado, "traços", nos aproxima deste debate: a formação dos professores, as "representações" sobre a Cartografia Geográfica e os caminhos traçados no ensino e aprendizado da Geografia.

Por isso, nosso "olhar para dentro" traz preocupações relativas à Educação e Geografia, na perspectiva de uma prática unificada, em que docência e pesquisa sejam dimensões de um único fazer pedagógico.

---

1 Entendemos que interdisciplinaridade não se trata de um trabalho elaborado a partir de conteúdos ou temas comuns a várias disciplinas que compõem o currículo, mas de uma forma de trabalhar cada disciplina em suas especificidades para garantir que se atinjam objetivos pedagógicos comuns, que garantam um outro posicionamento dos alunos ante o conhecimento da realidade.
2 Monbeig, 1994, p.47.

Um fazer que, já aqui, se revela coletivo; por isso, estendemos nossos agradecimentos aos professores que ensinam Geografia, nos níveis fundamental e médio, ao professor Eliseu Savério Sposito, que orientou nossos trabalhos, e às professoras Lenny R. M. Teixeira, Maria Suzana de S. Menin, Maria Elena R. Simielli e Josefa A. G. Grígolli (Nina), por auxiliarem nessa construção.

Por último, mas não menos importante, àqueles professores do Departamento de Geografia da Universidade Estadual de Londrina e Economia Rural da Universidade Estadual Paulista, que apoiaram esta iniciativa, e às funcionárias Eliana Aparecida de Souza Camilotti e Rosana Cristina Quinália Ganzarolli (Unesp/Jaboticabal), que, com esmero, por muitas vezes, digitaram nossos originais.

Nosso obrigado.
Os Autores

INTRODUÇÃO

As contribuições que ora apresentamos fazem parte do desdobramento de nossas dissertações de mestrado elaboradas na Universidade Estadual Paulista – Unesp – Campus de Presidente Prudente (SP), de preocupações compartilhadas em nossa graduação e ao longo de alguns anos de trabalho como professores do ensino fundamental, médio e superior.

Os capítulos deste livro foram organizados de forma tal que iniciamos nossas reflexões com "A questão metodológica". Nesse capítulo, fazemos referências às pesquisas em Educação e aos pressupostos que podem norteá-las quando seu objeto e objetivo explicitam o compromisso com as transformações sociais, e como elas se fundem com a prática cotidiana do trabalho, elemento essencial para o desvelamento do compromisso e interesse de classe.

No Capítulo 2 – "A escola, o ensino de Geografia... na busca de um sentido" –, refletimos sobre a escola, suas funções, sua importância no processo de auxiliar na construção de uma cidadania efetiva (plena, democrática), ao construir conceitos, ensinar conteúdos, noções, habilidades, atitudes e valores que permitam o entendimento da realidade de forma menos caótica e seu enfrentamento.

Logo após essas reflexões, no Capítulo 3, discutimos "Cartografia: saber necessário (?)" e afirmamos nossas posições sobre sua importância na articulação com a ciência geográfica. Nesse mesmo capítulo, fazemos também uma breve classificação das pesquisas em Cartografia Geográfica no Brasil: o estado da arte, para, em seguida, refletirmos sobre os diferentes entendimentos que se construíram sobre esse conhecimento no calor do debate do movimento de renovação do pensamento geográfico brasileiro.

Após termos efetuado o reconhecimento da produção e a importância da Cartografia Geográfica no ensino de Geografia, no Capítulo 4 – "A formação do professor" – passamos a refletir sobre as condições do profissional do ensino de Geografia de trabalhar com esses conhecimentos em sua prática pedagógica docente. Assim, traçamos discussões acerca da competência técnica, que é uma das formas de expressão do compromisso político desse profissional, e tentamos demonstrar como esse debate influi nas dimensões do saber docente e, portanto, em seu trabalho.

Ao longo de nossas reflexões, deparamos com o próprio debate que se estabeleceu no movimento de renovação do conhecimento geográfico e, analisando esse momento, no Capítulo 5 – "O debate geografico" – buscamos refletir sobre as leituras e os entendimentos produzidos pelos professores da rede estadual paulista de ensino sobre a proposta de Geografia para o então primeiro grau, elaborada pela Coordenadoria de Estudos e Normas Pedagógicas do Estado de São Paulo (CENP).[1] Nesse capítulo, incluímos nossas considerações sobre o referido documento e as implicações de oficialização de um discurso que se propõe transformador.

Posteriormente, no Capítulo 6, fazemos uma reflexão sobre a relação do ensino de Geografia com o uso de mapas, tentando responder à questão "Ensino de Geografia x mapas – uso necessário?" e refletindo sobre a importância do uso dos mapas no ensino de Geografia.

Buscamos assim, nas "Considerações finais", pontuar nosso objetivo de contribuir com a reflexão sobre a prática de ensino da Geografia nos níveis fundamental e médio. Os equívocos devem ser a nós creditados, pois são passíveis de existir, por pensarmos e fazermos a caminhada, pela ansiedade de quem mantém a utopia como alento de um novo amanhã.

---

1 São Paulo (Estado), 1992a.

I A QUESTÃO METODOLÓGICA

> Pensar numa flor é vê-la e cheirá-la.
> E comer um fruto é saber-lhe o sentido.
> *(Fernando Pessoa)*

As pesquisas realizadas no ensino possuem diferentes abordagens que foram definidas por Gamboa como empírico-analíticas, fenomenológico-hermenêuticas e crítico-dialéticas. Em sua obra,[1] o referido autor estabelece a lógica e o contexto histórico que permitiram o desenvolvimento de cada uma delas. Afirma, ainda, que essas abordagens se diferenciam nos aspectos técnicos, teóricos e gnoseológicos, e que as pesquisas crítico-dialéticas questionam fundamentalmente a visão estática da realidade implícita nas outras duas abordagens citadas.

Sobre essa questão, Gamboa afirma que:

> sua postura marcadamente crítica expressa a pretensão de desvendar, mais que o conflito das interpretações, o conflito dos interesses. Essas

---

[1] Gamboa, 1989, p.95.

pesquisas manifestam um interesse transformador das situações e fenômenos estudados, resgatando sua dimensão sempre histórica e desvendando suas possibilidades de mudança.[2]

Schmied-Kowarzik, debatendo a questão metodológica da pesquisa em educação, argumenta que a ciência da educação é conduzida:

> por um interesse libertário de conhecimentos voltados à emancipação e libertação dos homens. Quando ela se torna consciente deste interesse condutor do conhecimento, percebe-se dialeticamente envolvida na teoria crítica da sociedade, pois o objetivo desta "teoria crítica" é a *análise reveladora de todas as imposições e mecanismos sociais que mantêm os indivíduos não emancipados e sem liberdade*.[3]

O autor citado afirma, ainda, que o pensamento precisa se fundamentar dialeticamente, isto é:

> precisa se explicar numa reflexão filosófica fundamental em sua relação com a prática. Por isso a pedagogia dialética não é apenas uma diretriz no plano teórico da ciência da educação, mas a preocupação teórico-científica (filosófico-fundamental) da fundamentação da pedagogia como ciência que, enquanto prática, não possui seu sentido em si mesma, mas na humanização da práxis.[4]

Essa assertiva revela que a opção metodológica, pretensa e comumente marcada por jargões, não precisa se estabelecer como uma profissão de fé, ao contrário, as próprias formas de tratamento das questões, a problematização, as preocupações e o envolvimento concreto, quando apontados, demonstram a trajetória perseguida. Significa dizer que, no centro dessa discussão:

> privilegiamos a dimensão do método como referencial mais abrangente que possibilite o reconhecimento de ciência, ideologia e filosofia como modalidades de saber e conhecimento e suas possíveis articulações na atividade científica.[5]

---

2 Ibidem.
3 Schmied-Kowarzik, 1983, p.13-4 (grifo nosso).
4 Ibidem, p.15.
5 Souza & Alves, 1996, p.11.

Reconhecer isso é partir do princípio de que ciência, ideologia e filosofia, como modalidades do saber, da consciência, objetivam, em comum, referenciar intelectualmente as atividades humanas,[6] ou seja, referenciam o concreto e os embates que nele se estabelecem, por meio dos interesses dos diferentes sujeitos sociais.

Deve-se compreender que ignorar tais modalidades do saber também implica uma questão de método, o que permite a unificação e articulação ou a separação e dicotomização da realidade, portanto, do conhecimento.

Assim, o problema metodológico se concentra não na separação das diferentes modalidades do saber, mas, como argumenta Lowy,[7] no não questionamento da própria indagação inicial que motiva a pesquisa e que, portanto, orienta o pesquisador no método. A separação identifica não apenas uma postura teórica, mas uma prática de produção científica, que o autor qualifica como positivista. Uma prática consoante e submissa à divisão intelectual do trabalho que não se restringe a ele próprio, mas contempla, também, sua inserção no contexto social que a exige.

Questionar essa postura elimina a possibilidade de se fazer uso de velhos preconceitos e desmistifica a coluna vertebral positivista: a neutralidade científica, que fundamentou um modelo de Geografia, e que se inscreve diretamente naquilo que Lacoste já reconhecia em 1974: "O problema ideológico parece estar no cerne do problema epistemológico da Geografia".[8]

Reafirma-se, assim, que o problema da "crise da Geografia", em grande parte, foi debatido por meio de pressupostos positivistas considerando-se o aparente (físico-humano, a Geografia Física e a Geografia Humana, ou a "Geografia Científica" e a "Geografia Política"), e o problema, a nosso ver, colocava-se um pouco mais além.

Tratava-se de reconhecer os posicionamentos metodológico--científicos dos trabalhos, tendo em vista os embates que a sociedade

---

6 Japiassu & Marcondes, 1990, p.47.
7 Lowy, 1987, passim.
8 Lacoste, 1974, p.239.

brasileira vivia e vive, e como os resultados dessas pesquisas traduziam, traduzem e transformam essa realidade. O debate "crítico" sobre o humano x físico possibilitou a elaboração de uma leitura imediata e talvez equivocada sobre a aparente crise da Geografia.

É preciso salientar que tivemos o cuidado de reafirmar a inserção deste trabalho em contextos mais amplos, em determinações outras, como a questão salarial dos docentes, a desestruturação física e intelectual da escola pública, as condições socioeconômicas de alunos e professores, questões que aqui não se colocam em debate, mas que respondem pelos apontamentos que fazemos. Revela-se, portanto, nossa coerência metodológica ao reconhecermos que o privilegiamento das categorias de análise deve representar a dimensão da existência e da realidade concreta e a dimensão ôntica possível, que é o trabalho humano, interagindo num movimento constante e que sustenta o método.

> Portanto, este método é o instrumento que permite compreender a prática humana na sua integralidade, porque procura acompanhar o movimento real, conduzindo-nos por ele e com ele, e não abstraindo e extraindo-nos a possibilidade da consciência do trabalho, como no caso dos idealismos e dos materialismos não dialéticos. Ou seja, comporta a práxis, a união possível e real entre teoria e ideia e prática e concreto, o acompanhamento de uma realidade que se experimenta.[9]

E não apenas se "estuda".

Trata-se, portanto, de realizar conscientemente e ter consciência da realização, e o princípio desse processo é a reflexão sobre nosso trabalho, como afirma Marx, citado por Claret: "todos os mistérios ... encontram sua solução racional na práxis humana e no compreender esta práxis".[10]

A superação das dicotomias requer a dimensão da prática e, assim, a questão da formação dos professores se inscreve nesse debate, não apenas porque o produto do trabalho do professor é a

---

9 Souza & Alves, 1996, p.14.
10 Claret, 1985, p.66.

consciência que se constrói mas porque são esse *trabalho* e essa *práxis* que podem construir outra consciência que poderá permitir a elaboração de outros conceitos para transformar o real, por meio do entendimento de suas determinações. Assim, contemplar o real, interagir, buscar, ter consciência dele (saber que sabe) é o que determina claramente que os homens:

> são produtos das circunstâncias da educação, e que, portanto, homens diferentes são produtos de outras circunstâncias e uma educação diferente ... esquece-se que são precisamente os homens que modificam as circunstâncias e que o educador precisa ser educado.[11]

Educar o educador implica, portanto, permitir que se discutam suas práticas e a dimensão que elas assumem, a fim de (re) construí-las na dimensão da consciência de seus avanços e de suas deficiências. Esbarra essa discussão no conteúdo, não somente naquele que se inscreve como específico, mas sobretudo naquele que se inscreve como instrumental de reflexão sobre essas práticas.

> O conteúdo, então, é o fundamento original de uma ciência, sua dimensão não pode estar congelada, abstrata, mas corresponder ao movimento. Esta relatividade exige a identificação da especialidade do conteúdo e, portanto, da ciência segundo sua especificidade.[12]

Nesse caso, afirmamos que o fundamento original da ciência é também o fundamento de quem a produz, que identifica o posicionamento metodológico e permite diferenciar as modalidades de saber (ciência, ideologia e filosofia) abstraídas; o conteúdo é, portanto, fundamento da práxis do professor.

Para nós, significa dizer que o domínio conceptual cartográfico nada mais é que uma das especificidades necessárias para a ciência geográfica, cujo domínio, por sua vez, implica, necessariamente, a autonomia do professor sobre seu trabalho, sobre seu desvendamento acerca do real (a consciência da consciência).

---

11 Ibidem, p.62.
12 Souza & Alves, 1996, p.18.

Esse trabalho se constrói no espaço escolar, território das relações formais e não formais do saber em que a Geografia se materializa em conteúdos e sentidos. Está colocado, assim, o que buscamos, ou seja, explicitar a importância das reflexões teórico-metodológicas no fazer pedagógico do professor de Geografia, para que ele construa sua autonomia intelectual e, portanto, pessoal, para se tornar ele próprio autoridade em sala de aula.

2 A ESCOLA, O ENSINO DE GEOGRAFIA... NA BUSCA DE UM SENTIDO

> Pensar incomoda como andar na chuva. Quando o vento cresce e parece que chove demais.
> *(Fernando Pessoa)*

Como nossa proposta de trabalho está direcionada ao ensino de Geografia, entendemos que é relevante fazer uma reflexão anterior sobre como entendemos a escola e seu papel em nossa sociedade. Nossas concepções sobre a escola e o ensino de Geografia é que irão nortear o encaminhamento teórico que daremos à questão sobre a qual nos propusemos a refletir (a importância dos conhecimentos geocartográficos no ensino e na formação do profissional de Geografia).

Acreditamos que, para pensar questões referentes à Educação, e em específico sobre o ensino de Geografia, é necessário buscar um sentido para a existência da escola, no contexto de nossa sociedade, e da disciplina ou matéria que nos propomos a trabalhar. É importante, a nosso ver, procurar razões que justifiquem essa disciplina para construir um conjunto de reflexões que coloquem em evidência a relevância da educação formal para as classes sociais que menos têm acesso à escola e menos têm podido permanecer nela e que, quando o fazem, têm direito a uma educação de qualidade e "eficiente", no sentido de sua emancipação.

É preciso também pensar na possibilidade de existência de uma escola e de um ensino de Geografia para aqueles que são considerados, por uma prática pedagógica equivocada, alunos ruins ou fracos e para outros que, apesar de irem à escola, o fazem para "passar o tempo", para não ficar em casa, para encontrar com amigos, entre outros objetivos que não o de aprender.

Enfim, é relevante e urgente pensar numa escola e numa Geografia para todos aqueles que, aparentemente,[1] têm ido à escola para tudo, menos para aprender, e também para aqueles que, apesar de irem para ser ensinados, chegam ao fim de oito longos anos, ou mais,[2] analfabetos ou semialfabetizados (analfabetos funcionais), conseguindo apenas ler as palavras, ou melhor dizendo, conseguindo apenas decodificá-las, sem entendê-las e, portanto, finalizam o ensino fundamental com pouca possibilidade de entender e agir no mundo que os cerca, ou entendendo-o de forma caótica, sincrética, opaca, sem cor, nem brilho, sem projetos, sem a possibilidade de exercer e construir uma cidadania[3] efetiva.

---

1 Destacamos a palavra "aparentemente" porque concordamos com a tese de Mello (1995), que defende a ideia de que o brasileiro faz um esforço dramático para ter acesso e permanecer na escola. Essa obra trata ainda da questão da evasão e repetência escolar e do aumento do número de vagas necessárias nas séries fundamentais.

2 Segundo Mello (1995), a média de permanência do aluno na escola fundamental (ciclo básico, até 8ª série) é de 8,6 anos; juntamente com esse dado a autora afirma que, ao final de dez anos são necessárias 8.724 matrículas para formar 444 alunos; esses dados, segundo ela, demonstram a ineficiência da escola fundamental.

3 Concordamos com Benevides (1994), quando esta afirma que nem todos os sujeitos que moram dentro dos limites territoriais de um Estado-nação são cidadãos de fato, pois, apesar de uma pessoa (desde que não seja criminosa, doente mental, índio ou criança) ter direitos e deveres formalmente expressos na Constituição do referido Estado nacional, e poder ser denominada cidadã, ela não exerce, na verdade, seu direito (por ignorância deles, por insegurança, falta de informação, relações autoritárias cristalizadas no seio da sociedade, entre outras razões). Por isso, concordamos com a autora, que entende o conceito de cidadania como um direito que deveria ser resguardado pelas leis do Estado nacional, mas a ser construído, por meio do acesso à cultura letrada de nossa sociedade, de informações, práticas sociais mais democráticas pelas conquistas dos movimentos sociais.

A ESCOLA E O ENSINO DE GEOGRAFIA: O SER E O VIR A SER[4]

Entendemos que, ao procurar um sentido para a escola e para o ensino de Geografia, o fazemos partindo do pressuposto de que a escola e, consequentemente, o ensino de Geografia podem se tornar elementos importantes para o entendimento da realidade da clientela escolar e também para proporcionar-lhes acesso a uma forma de pensar e entender própria da escola, e da sociedade como um todo, que é por meio dos conhecimentos científicos construídos e acumulados pela humanidade.

É preciso então, antes de mais nada, explicitarmos nosso entendimento de que o atual estado em que se encontra a escola e o ensino de Geografia tem um sentido ou é regido por uma lógica dada não pela instituição em si, mas pelo Estado, que influi diretamente no papel das instituições que o respaldam, dependendo da forma e do estágio de acumulação do capital.

Afirma-se que a escola pública e o ensino de Geografia estão em crise, "funcionando mal". Será mesmo verdade? Afinal, para que sujeitos essa instituição não está funcionando e para quem está?

Para responder a essas questões é preciso, num primeiro momento, refletir sobre o modo de ser da escola e do ensino de Geografia, ou seja, pensar sobre o que eles têm sido e para quem, ou para que têm servido.

De acordo com Bourdieu & Passeron:

> todo sistema de ensino institucionalizado (SE) deve as características específicas de sua estrutura e de seu funcionamento ao fato de que lhe é preciso produzir e reproduzir, pelos meios próprios da instituição, as condições institucionais cuja existência e persistência (autorreprodução da instituição) são necessárias tanto ao exercício de sua função própria de inculcação quanto à realização de sua função de *reprodução de um arbitrário cultural do qual ele não é o produtor (reprodução cultural) e cuja reprodução contribui à reprodução das relações entre os grupos ou as classes* (reprodução social).[5]

---

[4] Os termos "ser" e "vir a ser" foram tomados de empréstimo de Mello (1988), que os emprega quando se refere ao que a escola é, em nossa sociedade atual (ser), e o que ela poderia ser futuramente (vir a ser).

[5] Bourdieu & Passeron, 1975, p.64 (grifo nosso).

Pelo exposto, entendemos que os autores defendem que o ensino institucionalizado tem como função a inculcação e a reprodução de todo um conjunto de entendimentos, valores, relações de um arbitrário cultural (conjunto de normas e condutas) próprios de determinada classe social. Podemos deduzir então que, para esses autores, a escola tem como única função perpetuar (ou reproduzir) as relações de forças numa dada sociedade.

Tal ação, segundo os mesmos autores, é realizada de forma velada, e é isso que garante a legitimidade do papel dessa instituição junto ao conjunto das classes sociais que compõem uma determinada sociedade. Em outras palavras, a escola dissimula seu "ser" pelo poder de violência simbólica. Segundo Bourdieu & Passeron:

> todo poder que chega a impor significações e a impô-las como legítimas dissimula as relações de força que estão na base de sua força...[6]

Mello, comentando a forma como ocorre na escola a dissimulação de sua própria função, afirma que:

> para cumprir esse papel, ou seja, assegurar sua autonomia aparente em face das relações de força que estão em sua origem, a escola apresentará os conteúdos e habilidades que transmite como um saber legítimo, de validade universal.[7]

Trazendo a discussão dessa questão especificamente para o ensino de Geografia, ou para a Geografia que é ensinada nas escolas, observamos o quanto esse "saber específico" tem contribuído para a reprodução da atual forma de pensar e construir o mundo.

Existem alguns autores que trabalham especificamente com essa temática e denunciam a forma como ela é apresentada à clientela escolar. Dentre eles, Brabant faz o seguinte comentário:

> Discurso descritivo, até determinista, a Geografia na escola elimina, na sua forma constitutiva, toda preocupação de explicação. A primeira preocupação é descrever em lugar de explicar; inventariar

---

6   Ibidem.
7   Mello, 1995, p.17.

e classificar em lugar de analisar e de interpretar. Esta característica é reforçada pelo enciclopedismo e avança no sentido de uma despolitização total.[8]

A afirmação ilustra muito bem o que acontece na escola, no que se refere ao ensino de Geografia, pois o autor captou de forma adequada o "ser" da Geografia ensinada no ensino fundamental e médio e até mesmo em alguns cursos de licenciatura. como discurso, promove a falsa impressão de que essa disciplina está descortinando possibilidades para o aluno entender e conhecer determinadas realidades ao falar de rios, climas, vegetação, população, recursos naturais, capitais, países, entre outros. Observamos, no entanto, que esse discurso tido como geográfico nas escolas é um engodo, ou seja, não consegue elaborar um entendimento da lógica da territorialidade dos lugares construídos pelo homem, pois muitas vezes chega a ser um conjunto de informações caóticas, unilaterais, travestidos de conteúdos de ensino.

É nesse sentido que enxergamos a expressão da violência simbólica presente no ensino de Geografia. Ela ocorre quando se "quebra", "fratura" o entendimento das diferentes territorialidades, com a estranha justificativa de que é mais didático ensinar separadamente os diferentes "conteúdos" geográficos (relevo, hidrografia, vegetação, clima, população, entre outros) para que o aluno entenda "sua realidade". E, portanto, entende-se equivocadamente que tal abordagem gera uma maior compreensão dos conteúdos geográficos, pois é muito complexa para o entendimento da lógica que rege suas múltiplas determinações e territorializações.

O processo de violência simbólica[9] continua na escola por meio da seleção e eliminação daqueles que fracassam na tentativa de se apropriar desse "saber". Mello ilustra de forma bem coerente esse processo:

---
8 Brabant, 1989, p.18-9.
9 Para Bourdieu & Passeron (1975, passim), a "violência simbólica" ocorre quando uma determinada classe social impõe significações, e ao impô-las como legítimas dissimula as relações de força e de poder que estão na base de sua força, acrescentando então sua própria força (simbólica) a essas relações de força. Como esse processo ocorre também na escola, até porque ela não paira acima da

Arbitrário, mas dissimuladamente apresentado como universal, esse saber imposto a indivíduos de outros grupos que não aqueles no interior do qual ou para o qual ele foi produzido é o veículo pelo qual a violência simbólica se efetua. Isso faz com que alguns, aqueles pertencentes ao grupo que produziu o saber arbitrário, consigam manejar com muito mais habilidade o saber escolar, enquanto outros fracassam ou são eliminados pela seleção. Na medida em que o saber da escola e seu modo de operar aparecem como legítimos, a seleção e a eliminação também se revestem de legitimidade. Assim, escolhendo os que se destinam aos seus graus mais avançados, a escola leva os demais a interiorizarem uma suposta inferioridade e convence aos primeiros, como aos segundos, que a desigualdade é legítima e depende apenas das habilidades de cada qual.[10]

Observamos pelas ideias da autora que, em geral, ocorre na escola a reprodução das mesmas relações desiguais que ocorrem na sociedade, mas de uma forma tão velada que a maioria dos excluídos e também dos que não tiveram acesso a essa instituição sentem-se ameaçados por um discurso tido como competente, como é o dessa instituição e dos profissionais que nela trabalham. Essa ameaça ocorre por meio do confronto dos alunos com o fracasso escolar, que ao longo de sucessivas experiências acabam por incorporá-lo a sua vida, causando um efeito perverso em sua autoimagem e autoestima porque, ao interiorizarem sua suposta inferioridade, legitimam a visão junto à sociedade de que são incapazes de aprender, pois não possuem habilidades para tal. Naturalizando, dessa forma, o fracasso escolar, como se para aprender conhecimentos fundamentais os sujeitos tivessem que possuir habilidades especiais: "ser inteligente" e até mesmo "nascer com a vocação para estudar".

---

sociedade, os referidos autores entendem que esta faz uma imposição e inculcação de um arbitrário cultural de forma também arbitrária (via inculcação e imposição). Em outras palavras, a violência simbólica ocorre quando determinada leitura e determinado entendimento de mundo são considerados como os únicos possíveis, como sendo a única verdade, como se esses entendimentos fossem neutros, como se fossem "a verdade" e não uma representação humana construída por determinadas pessoas de diferentes classes sociais.
10 Mello, 1995, p.17-8.

Apesar de termos trabalhado, até o momento, com a concepção das funções da escola de Bourdieu & Passeron, é preciso deixar claro nosso entendimento de que seria extremamente complicado entendermos a escola como uma instituição, cuja única função é perpetuar as relações de dominação de uma determinada sociedade, visto que essa maneira de concebê-la destrói toda e qualquer possibilidade de vislumbrar uma escola menos atrelada a um determinado tipo de reprodução social, inviabiliza, já *a priori*, qualquer tentativa por parte do corpo docente de uma prática pedagógica menos alienante e elimina qualquer proposta que se pretenda modificadora do atual estado em que se encontra a escola e o ensino de Geografia.

Além disso, não explica inúmeras propostas de pesquisas e práticas pedagógicas que tentam trilhar novos caminhos para superação desse tipo de escola, concebida por muitos autores apenas e, tão somente, como aparelho ideológico do Estado.

Mesmo entendendo que as contribuições dos autores citados são relevantes para mostrar uma das funções da escola, além de explicar e entender por que há o investimento por parte do Estado na educação, é condição *sine qua non* pensar nos papéis da escola de forma mais ampla. Segundo Mello, esses autores:

> ainda que tenham percebido com agudeza o seu modo de ser nesta sociedade, deixam escapar de sua análise o seu movimento interno, o seu vir a ser.[11]

E é esse movimento interno que nos interessa, pois é nele que uma totalidade se transforma na outra (o ser – reprodução e o vir a ser da escola – transformação). Não existe reprodução pura ou pura transformação, mas, sim, o conflito entre ambas, no qual o novo transformado incorpora e, portanto, transforma o velho, superando-o ao mesmo tempo. Entendemos que essa concepção é a que mais possibilita o entendimento dos atuais movimentos e momentos da escola; por isso, concordamos com a concepção de Mello, de que:

---

11 Ibidem, p.23.

tentando dar substância a essas abstrações, eu tomaria a *escola como uma das mediações pela qual se efetua o conflito entre as classes sociais, uma interessada na reprodução da estrutura de classes tal qual é, outra cujos interesses objetivos exigem a negação da estrutura de classes, e a supressão da dominação econômica.*

A reciprocidade da força de cada polo desse antagonismo, que em cada conjuntura específica é sempre uma questão de grau, faz com que não seja possível existir a pura dominação e nem portanto a pura reprodução.[12]

Ao longo da sua explanação e da construção da sua concepção de escola, a autora afirma que a classe que domina política e economicamente uma sociedade considera as aspirações de seu conjunto porque busca a aceitação e a adesão, por parte da maioria quantitativa, à liderança que possui por deter os poderes já descritos. O Estado, então, investe na educação, o que pode não significar necessariamente melhoria de qualidade de ensino para a classe que não detém o poder político e econômico. Pelo contrário, entendemos que essa iniciativa atualmente tem sido mais eficiente para generalizar:

> para toda a sociedade os interesses e os pontos de vista particulares de uma classe: aquela que domina as relações sociais. Assim, a produção desse universal visa não só o particular generalizado, mas sobretudo ocultar a própria origem desse particular, isto é, a própria origem da sociedade em classes.[13]

Além desse papel ideológico, é oportuno lembrar as considerações de Enguita, quando explica por que o capitalismo foi tão capaz de dar forma à escolarização e, mais ainda, que essa escola que temos hoje é produto de um longo processo de conflitos entre as várias classes sociais, ou seja, apesar de ser um aparelho ideológico do Estado, entendemos que ela não é amorfa aos conflitos travados em seu interior. O parágrafo que reproduziremos aqui é extenso, mas acreditamos que vale a pena resgatá-lo na íntegra, pois não conseguiríamos dar conta do assunto em questão de forma mais clara do que o autor:

---

12 Ibidem, p. 30 (grifo nosso).
13 Chauí, 1980, p.24-5.

Por que o capitalismo foi tão capaz de dar forma à escolarização é algo relativamente fácil de compreender. Em primeiro lugar, as grandes empresas capitalistas sempre exerceram uma grande influência sobre o poder político, quando não foram capazes de instrumentalizá-lo abertamente. Em segundo lugar, além das autoridades públicas foram apenas os "filantropos" recrutados ou autorrecrutados entre as fileiras do capital os que puderam prover de fundos um grande número de iniciativas privadas e, de preferência, como é lógico, as que mais se ajustavam a seus desejos e necessidades. Em terceiro lugar, os supostos beneficiários das escolas ou os que atuavam em seu nome sempre viram estas, essencialmente ou em grande medida, como um caminho para o trabalho e, sobretudo, para o trabalho assalariado, aceitando, por conseguinte, de boa ou má vontade, sua subordinação às demandas das empresas. Em quarto lugar, as escolas, como organizações que são, têm elementos em comum com as empresas que facilitam o emprego das primeiras como campo de treinamento para as segundas. Em quinto lugar, as empresas sempre apareceram na sociedade capitalista como o paradigma para a eficiência e gozaram sempre de uma grande legitimidade social, seja como instituições desejáveis ou como instituições inevitáveis – exceto em alguns períodos de agitação social, os mesmos em que também se viram questionadas as escolas –, convertendo-se assim em um modelo a imitar para as autoridades educacionais. E, em último lugar, mas não por sua importância, convém recordar que as escolas de hoje não são o resultado de uma evolução não conflitiva e baseada em consensos generalizados, mas o produto provisório de uma longa cadeia de conflitos ideológicos, organizativos e, em um sentido amplo, sociais.[14]

Da mesma forma, destacamos as concepções de Gramsci, quando apresentava sua discordância em relação à escola profissionalizante que manteria relações de dominação, apontando o autor para o papel do ensino elementar na formação dos trabalhadores:

Se se quer destruir esta trama, portanto, deve-se evitar a multiplicação e graduação dos tipos de escola profissional, criando-se, ao contrário, um tipo único de escola preparatória (elementar-média) que conduza o jovem até os umbrais da escolha profissional, formando-o entrementes como pessoa capaz de pensar, de estudar, de dirigir ou de controlar quem dirige.[15]

---

14 Férnández-Enguita, 1989, p.131.
15 Gramsci, 1968, p.136.

Vislumbrava o autor a importância da escola na formação dos trabalhadores: "A escola é o instrumento para elaborar os intelectuais de diversos níveis".[16] Isso permite perceber a escola no contexto da formação e na luta pela emancipação dos trabalhadores, apesar da crítica contundente de Marx acerca da vinculação da escola com o Estado:

> É absolutamente condenável a educação popular pelo Estado. Determinar por uma lei geral os recursos das escolas populares, as aptidões exigidas pelo pessoal de ensino, os ramos de instrução etc., e vigiar com a ajuda de inspetores do Estado o cumprimento destas prescrições legais é coisa inteiramente diferente de converter o Estado em educador do povo. Mas é preciso excluir ainda da escola toda a influência do governo e da igreja... Onde é o Estado, pelo contrário, que tem que ser educado pelo povo, com energia.[17]

Não obstante as considerações de Marx – e a compreensão que a ideia de educação como dever do Estado se engendra e se difunde no âmago do processo de emancipação política dos Estados Nacionais e da ordem burguesa, que como veremos fundamentou o próprio pensamento geográfico –, clara é a necessidade de manutenção da escola pública. Reflitamos que a escola tem sido desmantelada, tendo em vista o fato de não ser tão segura aos propósitos do Estado, tampouco se revela concretizadora constante dos modelos de persuasão, de busca de consenso coletivo e de dominação, pois carrega dentro de si a característica dialética comum a todas as estruturas sociais: a antiteticidade.[18]

Significa dizer que a presença dos "trabalhadores da educação", dos próprios "alunos trabalhadores" e "filhos de trabalhadores" de forma atuante na escola permite recriar esse espaço como oposição e luta por uma outra escola e um outro saber.

Depois de termos feito essas breves considerações, é importante retomar esse sentido e/ou o significado da escola para essas classes que não detêm o poder político nem o econômico.

---

16 Ibidem, p.9.
17 Marx, 1984, p.21.
18 Lukács, 1979, passim.

Na verdade, estamos querendo refletir sobre o que essas classes buscam quando lutam para ingressar e permanecer na escola... Por que ficam às vezes fazendo fila de madrugada, como noticiam os jornais televisivos, para que seu filho possa estudar, ou seja, por que lutam para que sua prole tenha acesso à escola e o que ela significa para essas classes.

Muitos autores[19] têm escrito sobre as razões que levam essas classes sociais a lutarem pelo acesso e permanência na escola; geralmente, o que se observa é que elas buscam, na escola, uma forma de ascensão social, pela obtenção de melhores empregos, isto é, inserindo-se no mercado de trabalho.

Mello[20] entende que esse projeto não é revolucionário nem leva, em si, à negação da dominação, pois isso vai depender da participação de cada indivíduo na dinâmica social, em outras instâncias. A escola, segundo Mello, pode contribuir para essa participação, mas não a direciona. É preciso, no entanto, ter claro que ela pode contribuir. Isso se faz necessário porque muitos docentes, empunhando a bandeira de um discurso de "Educação para a cidadania", por equívoco, deixaram de ensinar conhecimentos e habilidades aos alunos em troca de fazer discursos panfletários sobre movimentos sociais, a participação política e político-partidária, contribuindo assim, ainda mais, para a ineficiência do ensino e inviabilizando um dos papéis da escola, que é auxiliar na construção da cidadania plena (democrática).

É nesse ponto que podemos fechar a discussão do vir a ser da escola. Partiremos da afirmação óbvia de que a escola, a nosso ver, serve antes de mais nada para ensinar. É preciso ter clareza disso, pois ao longo de sua trajetória temos visto essa instituição aceitar funções decorrentes das péssimas condições socioeconômicas em que se encontra a maioria da população brasileira (fornecimento de alimentação pela merenda, tratamento odontológico, psicológico, entre outros). A essa afirmação pode-se pensar que se segue automaticamente a questão: O quê?

---

19 Entre eles, podemos citar: Freire, 1982; Gadotti, 1992; Paiva, 1973, que contribuíram para nossa reflexão.
20 Mello, 1995, passim.

A nosso ver, eis aí o divisor de águas; dependendo da resposta que daremos a essa questão, estaremos definindo o papel da escola, do professor, do conhecimento, enfim, estaremos definindo o "ser" da escola e seu "vir a ser".

O trabalho no ensino fundamental e médio forjou-nos a observação do posicionamento do professor (do nosso) no que se refere ao "o que" ensinar, suas preocupações e discussões com seus pares, e forçou-nos também à reflexão e a leituras sobre essa mesma questão.

Nesse processo, verificamos que muitos professores dão ênfase ou preocupam-se apenas com os conteúdos. A única preocupação no processo de ensino e aprendizagem resume-se, então, à escolha de um conjunto de conteúdos a serem trabalhados ao longo do ano letivo. Em outras palavras, muitas vezes o professor preocupa-se apenas com os conteúdos a serem trabalhados em sala de aula, esquecendo-se dos objetivos pedagógicos que iriam e deveriam obrigatoriamente nortear sua escolha.

Quando há o entendimento de que o processo de ensino e aprendizagem resume-se à questão anteriormente citada, ocorre o empobrecimento na forma de pensá-lo. A resposta da questão sobre o que ensinar está diretamente ligada ao tipo de aluno que queremos formar ou ao tipo de aluno que formamos quando nossa preocupação é somente o conteúdo, desvinculado de outros objetivos anteriores.

Com isso, não estamos querendo afirmar que os professores não devem se preocupar com os conteúdos que trabalham em sala de aula; pelo contrário, a questão é importante, mas é preciso ter em mente que a função da escola e do professor, como diz Santos:

> é ensinar a pensar. Essa é a palavra de ordem que encontramos na maior parte dos livros, projetos, leis, planejamentos, materiais didáticos e mais um sem-número de fontes e reflexões em torno da relação ensino-aprendizagem. As últimas décadas da vida escolar podem, também, ser traduzidas pelo desejo dos educadores de todos os níveis em atingir seus educandos de tal maneira que, para além da mera repetição de conteúdos, fique absolutamente claro para todos nós que estamos ensinando nossos alunos a pensar.

Creio que chegou o momento de, simplesmente, deixarmos essa preocupação de lado, pois, no final das contas, a única coisa que, realmente, ensinamos a nossos alunos – e sempre fizemos – foi ensinar a pensar.[21]

Concordamos com o autor quando afirma que ensinamos nossos alunos a pensar, no entanto, é preciso que se tenha claro que esse "ensinar a pensar" se dá por meio dos conteúdos. Nenhum ser humano consegue pensar sem um mínimo de informações, conceitos, enfim, sem um mínimo de conhecimentos. Pensar significa refletir sobre algo, ou algum objeto pleno de representações e significados. Muitas vezes, ou frequentemente, não temos acesso a um conjunto sistematizado, coeso e coerente de conhecimentos para poder refletir, daí a necessidade de uma instituição que seja capaz de proporcionar tal situação.

Esses conteúdos dos quais estamos falando nada mais são que conhecimentos sistematizados pelos homens, por meio da ciência, ou seja, os conteúdos são os conhecimentos científicos básicos para que os alunos possam entender, informar-se, apropriar-se de um conjunto de habilidades, noções, valores e formas de pensar para agir na realidade. Esses conteúdos e formas de pensar, na verdade, deveriam auxiliar o aluno a entender a realidade de forma menos caótica e sincrética, para nela agir. E é nesse sentido que se materializa o "ser" da escola, pois essa atividade docente não se dá de forma neutra; podemos apresentá-la como algo desvinculado da prática material dos homens e mulheres ou, ao contrário, isso vai depender de nosso referencial teórico-metodológico, de nossa forma de entendimento do mundo e opção política.

É nesse momento que o professor terá que fazer uma opção política, para possibilitar ou não o vir a ser da escola, servir de ator que nega ou reforça o papel do conhecimento na escola como legitimador ou não da dominação. Mello elucida muito bem quando explicita a forma como o conhecimento escolar pode ser utilizado como legitimador da dominação:

---

21 Santos, 1995, p.33.

Ao invés de revelar sua real natureza que é a de ser produto da atividade humana concreta, e portanto de poder ser explicado por ela, o conhecimento se apresenta como a explicação da realidade física e social. Isso se dá quando o objeto do conhecimento passa a ser não a realidade objetiva, mas as ideias que os homens fazem dela. Ou, inversamente, quando se insiste que a realidade deva ser conhecida como "coisa" em si mesma e não como produto das relações entre os homens e destes com a natureza.[22]

Ao refletirmos sobre as ideias expostas, podemos verificar que é essa forma de trabalho que geralmente se observa na escola, as ideias que os homens fazem da realidade são tomadas como sendo a própria realidade, procura-se retratá-la como se essa fosse a única possibilidade de entendimento. Essa é uma leitura falseada, pois oculta as relações que se dão na sociedade porque legitima como verdadeira uma determinada explicação de realidade. Isso nos lembra a Geografia das escolas e dos livros didáticos, com seu discurso fragmentário que pretende entender as várias realidades temáticas (clima, vegetação, relevo, população, urbanização, entre outros), como se o entendimento fragmentário pudesse se tornar totalidade ao "entrar na cabeça" do aluno.

Apesar disso, entendemos que a escola pode vir a ser importante na vida do aluno, até em função de várias práticas de ensino diferenciadas que muitos professores propõem, pois:

> o que o saber escolar, quando bem apropriado, permite adquirir não é necessariamente um desvelamento completo da dominação. É apenas uma visão de mundo menos mística e folclórica, mais integrada. São habilidades básicas de comunicação, de cálculo, de conhecimentos do mundo físico e social.
>
> Isso pode ser muito, ou muito pouco, dependendo do ponto de vista do qual se avalia a importância da escola. Se partirmos da escola ideal pode ser pouco. Se partirmos da análise da escola existente é muito. Nesse caso, a visão mais moderna de mundo que a boa escolarização permite adquirir, além de útil à sobrevivência nas sociedades industrializadas, pode ser o ponto de partida para um conhecimento mais crítico da sociedade. Não é o único ponto de partida mas é um deles.[23]

---

22 Mello, 1995, p.22-3.
23 Ibidem, p.31.

Por essas afirmações entende-se que, embora a escola seja um aparelho ideológico do Estado, ela pode ser de grande importância para os alunos menos favorecidos economicamente, pois talvez possibilite uma melhor inserção no mercado de trabalho, elevando seu nível social, econômico e cultural, além de um entendimento menos sincrético, caótico e fragmentário da realidade; consequentemente, isso pode ser ou não um ponto de partida em potencial para que eles possam ter leitura e entendimento mais críticos. Isso vai depender não somente daquilo que eles aprendem na escola, mas também da forma como se inserem no mercado de trabalho e das relações que se estabelecem nesse contexto, de sua participação em algum sindicato, em algum partido político, entre outros movimentos sociais.

Um outro aspecto importante em relação à escola que essa perspectiva descortina é a necessidade de repensarmos a famosa frase, tão divulgada e falada por inúmeros professores, teóricos, diretores, coordenadores, e até por nós em algum momento de nossa graduação: a educação serve para a transformação da sociedade. É preciso repensar essa ideia, que gerou uma prática pedagógica que pouco contribuiu para a efetivação do papel que discutimos anteriormente. Via de regra, houve um posicionamento de desprezo em relação aos conteúdos de cada disciplina e o privilégio de questões político-partidárias, principalmente no que se refere às disciplinas da área da chamada Ciências Humanas.

Esse posicionamento é equivocado, pois nega o papel efetivo que a escola deveria ter na sociedade, que é o de ensinar as pessoas a pensarem. Para que isso ocorra, é necessário o acesso a um mínimo de conhecimentos de algumas informações e conteúdos, pois utilizamos nossas capacidades de pensamento somente pensando sobre algum ser, questão ou realidade. Se a escola se nega a efetivar esse papel, entendemos que sua importância, como instituição que pode propiciar um conhecimento mais crítico, é colocada em xeque.

Após termos feito essa breve reflexão sobre como entendemos o papel da escola, é necessário pensar na Geografia ensinada, em seu "ser", para pensar também na possibilidade de seu "vir a ser". Para entender a Geografia que se ensina, é preciso compreender a lógica da estruturação de seu discurso desde sua implantação no ensino. Segundo Pereira:

a presença constante da Geografia entre as disciplinas que compõem as diferentes propostas curriculares da escola fundamental e média oferece indícios de que as relações entre essa disciplina e o sistema escolar são mais profundas do que se possa imaginar à primeira vista. É que tanto a Geografia moderna (também denominada científica ou tradicional) como o sistema público de ensino são frutos do século XIX.[24]

Parece interessante termos esse dado como ponto de partida. Se a Geografia que se ensina e o sistema público de ensino são frutos do século XIX, parte-se do pressuposto de que ambos foram gerados sob as mesmas condições materiais e históricas. Recordando um pouco nossas lições sobre a história da educação, é relevante observar a relação entre o Estado e o ensino público, apropriado por uma classe em ascensão que defende a escola laica, gratuita e obrigatória com o objetivo de difundir e legitimar sua visão de mundo. É por meio da criação dessa escola, com esses objetivos, que ocorre a universalização de uma visão particular de mundo.

A universalização do particular é obtida na escola pelos conteúdos que tendem a homogeneizar o não homogeneizável, que tendem, segundo Pereira,[25] à imposição de uma nacionalidade, à disseminação de seus valores de classe apresentados como fundamentais via Geografia, História e Língua Nacional, introduzidas nos currículos escolares com o objetivo de consolidação de um Estado nacional (para sua hegemonia e movimento do capital), a partir da delimitação geográfica de suas fronteiras (delimitação do território), linhas que demarcam o que essa suposta, ou pseudocoletividade, teve muitas vezes que possuir em comum: as tradições e a língua.

É aqui que encontramos as raízes da Geografia que se ensina. Observa-se que seu discurso foi então montado, organizado ou sistematizado num determinado contexto histórico, sob a égide do Estado nacional, muitas vezes auxiliando em sua constituição. E isso se deve ao fato de que, segundo Lacoste:

---
24 Pereira, 1993, p.20.
25 Ibidem.

a ideia nacional tem algo mais que conotações geográficas; ela se formula em grande parte como um fato geográfico: o território nacional, o solo sagrado da pátria, a carta do Estado com suas fronteiras e sua capital, é um dos símbolos da nação.[26]

Discurso do Estado nacional por excelência, que auxiliava e auxilia, inclusive, na criação do sentimento de pátria, do sentimento nacionalista, a Geografia também tornou-se um discurso ideológico, cuja função era ou é, também, a de mascarar a importância estratégica dos raciocínios centrados no espaço.[27] Isso ocorre por meio da construção de um discurso fragmentado, que só serve aparentemente para os professores darem aulas de Geografia; configura-se, dessa forma, junto à maioria da população como uma disciplina mnemônica por excelência, cuja utilidade prática não existe.

Verificam-se então, praticamente, duas funções principais na origem do ensino de Geografia (ou no caráter dado à Geografia que se ensina nas escolas): a primeira, a de construir, juntamente com outras disciplinas, o imaginário nacional, inclusive com a utilização de mapas que "concretizam"[28] a visão do Estado-nação; a segunda, a de ocultar, sob a aparência de um saber de caráter mnemônico, sua importância. Não utilizaríamos a expressão que Lacoste criou para falar sobre a Geografia como um saber estratégico, pois entendemos que todo saber é estratégico, porque pode vir a ser importante para o entendimento, pensamento e desvelamento do mundo pelo aluno, e isso, por si, tem um potencial revolu-

---

26 Lacoste, 1988a, p.57.
27 Souza, 1996, p.109-32, passim.
28 Ao olhar para um mapa político da América do Sul, por exemplo, o leitor menos preparado para sua leitura terá a impressão de que as fronteiras nacionais que está vendo são reais, verdadeiras, "naturais", concretas. Perde-se a dimensão das múltiplas determinações que engendraram sua constituição, perde-se de vista que as fronteiras tais como foram mapeadas derivam de relações de transformação da natureza em sociedade pelo trabalho. É interessante notar que não é somente qualquer leitor mais desavisado que tem essa "impressão"; alguns professores, também mais "desavisados", utilizam o mapa para dar "concretude" aos conteúdos trabalhados no ensino de Geografia – fundamental e médio –, para mostrar onde ficam os países, como se as próprias linhas territoriais fossem naturais e sempre tivessem existido.

cionário, ou pode servir para a manutenção do atual estado de coisas, o que também não deixa de ser estratégico.

Apesar de essa forma de existir da Geografia que se ensina ter se estruturado no século XIX, ainda podemos verificar que ela, atualmente, não está tão distante da caracterização aqui apresentada. Prova disso é a maioria dos livros didáticos e apostilas, empregados no ensino fundamental e médio, que abordam a Geografia do Brasil, por exemplo, como se fosse um conjunto caótico de assuntos e imagens, como bem elucida Moreira:

> A estrutura desse "Brasil do professor" é uma colagem de "partes", que se agrupa em quatro módulos nos livros didáticos: o quadro geopolítico e histórico, o palco, os atores e a ação dos atores no palco. Isto é, em linguagem de aula e livros didáticos: o painel introdutório, o meio natural, a população e a economia. Há os que acrescentam um quinto módulo: síntese final, que pode ser a regionalização ou um leque de "questões".[29]

É claro que, em razão do movimento interno efetivado pelas pessoas que pensam a Geografia como ciência e o ensino dessa disciplina, tem ocorrido a materialização de críticas a esse tipo de Geografia que se faz e que é ensinada.[30] Entendemos que esse movimento interno está possibilitando, ou engendrando, o pensar numa possibilidade de vir a ser para essa disciplina, tão criticada pelos alunos e tida como "matéria a ser memorizada". Essa atitude foi tomada no Brasil, no final da década de 1970, que irrompeu num movimento de crítica à Geografia produzida até então na academia e à Geografia ensinada nos níveis fundamental e médio. Esse movimento ficou conhecido, ou foi denominado por muitos geógrafos, como "Geografia Crítica". Essa corrente rompeu teórico-metodologicamente com o que se tinha produzido e feito até então, com o entendimento do que era Geografia, seu objeto

---

29 Moreira, 1987, p.104-5.
30 Entre os autores que pensam essa questão podemos citar os seguintes que nos serviram de embasamento teórico: Almeida, 1991; Carvalho, 1989; Lacoste, 1988a; Moreira, 1993b; Oliveira, 1989a; Pereira, 1996; Pontuschka, 1996; Resende, 1986a; Santos, 1995, 1996; Vesentini, 1984, 1985, 1989 e 1992; Vlach, 1989; Wettstein, 1989.

de estudo e seu papel para os alunos. Inaugurou, portanto, uma possibilidade de pensar o vir a ser da Geografia que se ensina como disciplina que propicia o entendimento "geográfico" da realidade.

Podemos observar isso nas formulações de alguns autores, no que se refere ao papel da Geografia escolar.

Para Carvalho:

> Por tudo o que já dissemos, o importante é que se tenha claro o que se quer ensinar e quais os objetivos desse ensino. Queremos que se enquadre a *Geografia como ciência do espaço, que o discute, explica-o e, desvendando seus "mistérios", fornece elementos para sua modificação e aprimoramento.*[31]

Para Oliveira:

> *A Geografia*, como as demais ciências que fazem parte do currículo fundamental e médio, *procura desenvolver no aluno a capacidade de observar, analisar, interpretar e pensar criticamente a realidade tendo em vista a sua transformação.*
> Essa realidade é uma totalidade que envolve sociedade e natureza. Cabe à Geografia levar a compreender o espaço produzido pela sociedade em que vivemos hoje, suas desigualdades e contradições, as relações de produção que nela se desenvolvem e a apropriação que essa sociedade faz da natureza.[32]

Podemos depreender dessas afirmações que a Geografia ensinada pode ter uma outra função ou que esse movimento de crítica coloca em xeque e nega a visão de que a Geografia ensinada só serve para dar respaldo ao Estado. Entendemos que esse pode "vir a ser" o sentido do ensino de Geografia na rede púbica estadual, e que aos poucos pode ir se efetivando, desde que os profissionais envolvidos com essa dimensão do ensino tenham compromisso político, que deve se materializar numa prática pedagógica que concorde com o que discorremos anteriormente sobre a função da escola, para que, o que e como se deve ensinar o aluno a pensar.

---

31 Carvalho, op. cit., 1989, p.97 (grifo nosso).
32 Oliveira, 1989, p.141-2 (grifo nosso).

O papel da Geografia, no ensino fundamental e médio, deve ou deveria ser o de ensinar ao aluno o entendimento da lógica que influencia na distribuição territorial dos fenômenos. Para isso, faz-se necessário que o discente tenha se apropriado e/ou se aproprie de uma série de noções, habilidades, conceitos, valores, atitudes, conhecimentos e informações, básicos para que o pensamento ocorra ou para que o entendimento e o pensamento sobre o território ocorra. Esse conjunto citado é pré-requisito para que o aluno construa um entendimento geográfico da realidade. É preciso ter clareza, no entanto, sobre o tipo de aluno que queremos formar, por quê e para quê. É em função dessa reflexão que, posteriormente, devemos fazer nossas opções sobre os conteúdos a serem trabalhados junto aos alunos.

No entanto, existem, a nosso ver, noções, habilidades e conceitos básicos que devem ser trabalhados, e por isso devemos dar a devida atenção aos conhecimentos geocartográficos, instrumentos para a compreensão das diferentes territorialidades.

É o que devemos fazer ao refletir particularmente sobre orientação e localização geográficas e a importância do uso de mapas.

É importante esclarecer, antes de mais nada, que denominamos os conhecimentos referentes a orientação e localização geográficas como noções, habilidades e conceitos, pois entendemos que orientar-se e localizar-se geograficamente são noções decorrentes da aprendizagem das noções de espaço, que foram se constituindo e viemos construindo desde nosso nascimento. Consideramos a orientação e a localização geográficas como habilidades porque o sujeito, para orientar-se e localizar-se geograficamente no espaço, deve aprender essa habilidade; ela não é construída em contato direto com a realidade, como as noções de espaço, estudadas por Jean Piaget, pois estas, pelo contrário, exigem o contato, a apreensão e compreensão de informações e conhecimentos sistematizados que dependem da escola e do professor. Por fim, consideramos a orientação e a localização como conceitos, pois são conhecimentos básicos que servem, juntamente com outros, para o entendimento da lógica da territorialidade produzida pelo homem.

Para finalizar o presente capítulo, entendemos que o sentido, a função, do ensino de Geografia é ensinar o aluno a entender a lógica que rege a territorialização da sociedade. É preciso ter claro, no entanto, que, como nossa visão do território é extremamente limitada (enxergamos somente alguns raios de quilômetros a nossa volta) e como existem informações que ganham um outro sentido quando plotadas num mapa, faz-se necessário que o aluno seja um leitor desse material de ensino da Geografia.

Ler mapas, como se fossem um texto escrito, ao contrário do que parece, não é uma atividade tão simples assim; para que isso ocorra, faz-se necessário aprender, além do alfabeto cartográfico, a leitura propriamente dita, entendida aqui não apenas como mera decodificação de símbolos. As noções, as habilidades e os conceitos de orientação e localização geográficas fazem parte de um conjunto de conhecimentos necessários, juntamente com muitos outros conceitos e informações, para que a leitura de mapas ocorra de forma que o aluno possa construir um entendimento geográfico da realidade.

Por isso, reconhecer a cartografia e os conhecimentos geocartográficos como saberes necessários é um passo na direção da instrumentalização desse entendimento.

3 CARTOGRAFIA: SABER NECESSÁRIO (?)

> O tratamento gráfico se aprende!
> Como acreditar nisso se na escola
> ninguém nos falou dele?
> *(Jacques Bertin)*

Nossas discussões, como asseveramos, apresentam preocupações centrais sobre o trabalho docente e o ensino de conteúdos e conceitos cartográficos para instrumentalizar a aprendizagem de conhecimentos geográficos.

Nosso interesse pela temática (o ensino de Geografia e seus desdobramentos) iniciou-se ainda na graduação, quando das discussões sobre os possíveis avanços teórico-metodológicos dessa ciência e seus reflexos sobre a prática docente.

Num primeiro momento, nossas preocupações estiveram voltadas à "velha" e equivocada discussão da dicotomia física-humana, e buscávamos refletir que caminhos poderíamos propor para superar essa fragmentada leitura. Assim, nos voltamos para o estudo do livro didático, como objeto de discussão.

Colocávamo-nos, de um lado, espreitados pela proposta Curricular de Geografia da Coordenadoria de Estudos e Normas

Pedagógicas – CENP (SP); de outro, pela importância significativa que o material didático adquiriu perante o trabalho do professor, e assumimos apressada e equivocadamente, na época, que, para nós, o livro-texto "destilava" todo o "mal" e era o grande causador dos problemas do ensino de Geografia no então ensino de 1º e 2º graus, atual ensino fundamental e médio, respectivamente.

Esse debate deu margem para iniciarmos algumas reflexões que apontaram para a compreensão de que o problema da Geografia não se encerrava nela mesma como ciência, mas na prática científica que a constrói, portanto, no trabalho e, imediatamente, no ensino e na formação do professor.

A princípio, formulávamos as seguintes indagações: O que é formação docente? E, em se tratando de Geografia, como transitar em uma ciência aparentemente tão ampla? Claro que as respostas apontavam para o método que poderia possibilitar o recorte e pontuar as preocupações relativas à amplitude geográfica e à formação docente.

Dessa forma, nossas reflexões começaram a delinear caminhos. Isso fez que nossas discussões ganhassem corpo. O contato com o ensino, as discussões com professores nos cursos por nós ministrados na universidade e nos encontros da Associação dos Geógrafos Brasileiros (AGB),[1] foram alguns dos canais de reflexão e interlocução que nos fizeram perceber, de um lado, a inadequação da formação dos professores; de outro, o interesse deles em romper com suas dificuldades profissionais, ao reconhecerem a importância dos conhecimentos geocartográficos no ensino de Geografia como um conteúdo instrumental estratégico para consolidação de um saber que permita o entendimento das diferentes territorialidades construídas pela humanidade.

---

1 A Associação dos Geógrafos Brasileiros (AGB) desempenha importante papel na formação docente por meios de seus encontros, em que tivemos a oportunidade de realizar Trabalhos Orientados (TOs) e cursos discutindo temáticas relativas ao ensino de Geografia nos níveis fundamental e médio. Há, no entanto, que pensar na possibilidade de uma maior aproximação da entidade com esses níveis de ensino, a fim de socializar o debate sobre inúmeros temas com os docentes de Geografia que não possuem condições materiais de se deslocar.

GEOGRAFIA E REPRESENTAÇÃO

A Cartografia é um dos nós da Geografia que se pratica ou se trata de um conhecimento desnecessário?

A Cartografia, atualmente, constitui uma ciência, mas foi gestada efetivamente na segunda metade do século XIX, em virtude da diversificação e da sistematização científica da própria Geografia,[2] e cuja definição foi dada pela Associação Internacional de Cartografia:

> conjunto de estudos e operações científicas, artísticas e técnicas que permite a partir de resultados de observação direta ou de exploração documental, em vista da elaboração de cartas, plantas e outros modos de expressão, assim como de sua utilização.[3]

A especificidade da ciência cartográfica está exposta de tal forma que, embora uma parte de seus conhecimentos sirva como instrumental para as análises geográficas, possui todo um desenvolvimento científico autônomo que produziu diversas concepções e definições:

> Conjunto coerente de ideias e diretrizes que permitem a utilização racional de toda uma forma de processos e técnicas para se chegar a resultados científicos.[4]

A Cartografia é a arte de conceber, de levantar, de redigir e de divulgar mapas.[5]

Lato sensu, a Cartografia é a ciência ou o método de fazer mapas. E o mapa é a representação da superfície da Terra, mediante certa escala, e esta superfície da terra é o campo de estudo da Geografia. Assim, a Cartografia representa o que a Geografia estuda.[6]

---

2   Nossa observação faz referência ao processo de sistematização científica ocorrido na segunda metade do século XIX, o que não significa desconsiderar os avanços acumulados pela ciência cartográfica desde períodos mais primitivos, conforme citam os trabalhos de Joly, 1990; Katuta, 1992; Raisz, 1969; e Wood, 1987.
3   Cuenin, 1972, p.9.
4   Rimbert, 1968, p.13.
5   Joly, 1990, p.7.
6   Alegre, 1969, p.66.

Transparece assim um conceito comum para a Cartografia: arte, método e técnica de representar a superfície da terra e seus fenômenos. Ressaltamos que, como arte, entendemos a qualidade plástica (estética) da representação, da utilização das cores, as tramas, o traçado; como técnica, a precisão de seus traçados e de suas informações; como método, pela sua possibilidade de reflexão, análise e interpretação da qualidade das informações cartografadas.

O cartógrafo russo Salichtchev define Cartografia por meio de uma articulação com o conjunto das ciências naturais e sociais:

> Ciência que retrata e investiga a distribuição espacial dos fenômenos naturais e culturais, suas relações e suas mudanças através do tempo, por meio de representações cartográficas – modelo de imagem-símbolo que reproduz este ou aquele aspecto da realidade de forma gráfica e generalizada.[7]

A definição do cartógrafo russo apoia uma dimensão crítica da produção cartográfica que vem ganhando espaço nos debates dos últimos anos.

As definições apresentadas, sobretudo a de Alegre, também demonstram claramente a proximidade, ou melhor, o vínculo que se estabelece entre a Cartografia e a Geografia, não apenas pela estrutura curricular dos cursos de formação, mas principalmente pela importância que ela apresenta no ensino e na pesquisa geográfica. Observamos nos cursos de "formação continuada" ou "capacitação" promovidos pela Secretaria Estadual de Educação – (FDE-CENP)[8] e nos encontros da AGB a presença de um grande número de professores e alunos de graduação em Geografia que se interessam por essa temática.

Com certeza, esse dado foi um dos elementos que motivaram essa reflexão, colocando-nos diante de alguns questionamentos que serão apontados a seguir.

---

7 Salichtchev, 1988, p.22.
8 Fundação para o Desenvolvimento da Educação e Coordenadoria de Estudos e Normas Pedagógicas, respectivamente.

A PESQUISA EM CARTOGRAFIA GEOGRÁFICA NO BRASIL: O ESTADO DA ARTE

Vale reafirmar que, ao optarmos pela discussão da formação cartográfica docente, pretendemos abrir três frentes de reflexão: uma delas está relacionada à própria pesquisa cartográfica, indicando a necessidade de ampliar as linhas de abordagem; a outra está relacionada à importância da formação docente e à qualidade do ensino de cartografia realizado nas universidades públicas e privadas; a última, mas não menos importante, é como proporcionar oportunidades para o professor romper com um certo não-saber--fazer pedagógico nessa área em específico.

Os trabalhos realizados junto à área de Cartografia e ensino no Brasil vinculam-se basicamente a três grandes linhas:[9] metodologias de ensino, teorias da aprendizagem e técnicas de comunicação cartográfica.

Metodologia de ensino

A linha de pesquisa em metodologia de ensino busca basicamente discutir problemas sobre as dificuldades de leitura de mapas ou elaborar técnicas de aprendizagem que facilitem a construção dos conceitos geográficos e cartográficos junto aos alunos de pré-escola, ensino fundamental e médio, para que eles se tornem leitores de mapas.

Os trabalhos produzidos, aos quais os professores de Geografia têm tido acesso, são, principalmente, os de Abreu (1985), Aguiar (1997), Almeida (1991, 1994), Antunes (1987), Fadel & Almeida (1991), Ferreira & Martinelli (1997a, 1997b), Goes (1982), Le Sann (1997b), Paganelli & Antunes (1985), Passini (1997), Santos (1990), Santos & Le Sann (1985) e Simielli (1986, 1992, 1993a,

---

9 Estabelecemos essa classificação para que os possíveis usuários desta reflexão possam reconhecer as diferentes produções de pesquisa na área de uso de mapas no Brasil, mas não é nossa intenção, pelo menos neste momento, realizar uma análise mais profunda sobre a produção científica à qual iremos nos referir.

1993b). Há ainda alguns artigos estrangeiros de uso comum por alguns professores, uma vez que foram publicados em revistas especializadas em ensino de Geografia, como os trabalhos de Bertin & Gimeno (1982) e Bonin (1982).

Teoria da aprendizagem

O enfoque dado para refletir sobre a aprendizagem da leitura de mapas ganhou maior relevância sobretudo com os trabalhos de Jean Piaget na área de psicologia genética. Seus trabalhos passaram a ser lidos e discutidos no Brasil com maior intensidade a partir de meados da década de 1970, quando as propostas tecnicistas de ensino já apresentavam suas limitações. As pesquisas na linha de leitura e uso de mapas têm como marco inicial o trabalho de Lívia de Oliveira (1978). Essa pesquisadora praticamente constituiu a referida linha de pesquisa no Brasil, à medida que, após seu trabalho, orientou, junto ao Programa de Pós-Graduação em Geografia da Unesp, Campus de Rio Claro – apenas para citar alguns exemplos –, as pesquisas de Cruz (1982), Ceccheti (1982) e Goes (1982), além de ter elaborado outras publicações, como: Oliveira (1972, 1985), Oliveira & Machado (1975) e Machado & Oliveira (1980). Posteriormente, podemos citar os trabalhos de Paganelli & Antunes (1985), Paganelli (1987), Almeida & Passini (1989), Passini (1994, 1997) e Katuta (1992, 1993). As pesquisas citadas enfocam basicamente como ocorre a construção de conceitos geocartográficos nos alunos, tendo como referência principal as obras de Jean Piaget e, mais recentemente, as contribuições de Vygotsky.[10]

Técnicas de comunicação cartográfica

Essa linha de pesquisa procura discutir duas questões fundamentais. A primeira enfatiza a teoria da comunicação visando à

---

10 A título de referência, ver os trabalhos de Piaget (1975, 1976a), Piaget & Inhelder (1968, 1976, 1993) e Vygotsky (1989, 1991), este último traduzido e editado no Brasil a partir de meados da década de 1980.

produção de mapas; a segunda dá ênfase às diferentes técnicas de representação cartográfica. Os trabalhos que se inscrevem nessa linha têm como referência as pesquisas e publicações de Alegre (1964, 1970), Barbosa (1967, 1968), De Biasi (1970, 1977), Duarte (1983, 1988), Ferreira & Martinelli (1997a,b), Le Sann (1983, 1997a), Martinelli (1984, 1990, 1991), Oliveira (1993a), Santos (1987), Simielli (1986), Teixeira Neto (1982).

Tendo em vista esses diferentes tipos de trabalho e pesquisas, é preciso, a nosso ver, refletir sobre a seguinte questão: por quais caminhos a cartografia poderá avançar?

Se, de um lado, temos um conjunto de metodologias e técnicas sendo pensadas e produzidas para que o professor as desenvolva em sala de aula, até que ponto não concebemos esse sujeito social como um simples reprodutor e executor de estratégias? Qual é a qualidade formativa dos profissionais que deverão refletir sobre os resultados dessas pesquisas e realizar essas tarefas?

Acreditamos que, apesar de importantes, os trabalhos que tendem a indicar metodologias adequadas para o uso de mapas devem ser entendidos como sugestões, necessariamente sujeitas a adaptações, para que o docente possa reelaborá-las, de acordo com a realidade que vivencia em sala de aula. Para que esse profissional conceba e utilize esses trabalhos na perspectiva já assinalada, é preciso que ele tenha autonomia intelectual suficiente para que não se torne mero executor de propostas.

Por isso, a nosso ver, não é possível a dissociação entre ensino e pesquisa, pois é esta última que também possibilitará ao docente tornar-se autoridade pedagógica em sala de aula; é essa dimensão do ensino que poderá transformar a perspectiva desse profissional, no que se refere às famosas "receitas pedagógicas" que, via de regra, quase nunca são utilizáveis como foram concebidas.

A qualidade formativa dos geógrafos-professores é, para nós, o elemento-chave para que se faça avançar as reflexões sobre o conjunto de metodologias e técnicas de ensino para o uso adequado de mapas. É esse profissional que pode, dada a especificidade de seu trabalho, refletir sobre a possibilidade ou não de apropriação de determinadas metodologias e técnicas de ensino. Para que isso ocorra, no entanto, urge tratar a questão da formação docente com maior seriedade e profissionalismo, sem romper a dimensão do ensino e da aprendizagem, pois é por meio dessa unidade que se faz possível pensar um professor e, portanto, uma educação de qualidade.

No tocante à construção de conceitos fundamentais ao aluno em seu desenvolvimento cognitivo, psicomotor, social e afetivo, as questões que apresentamos são: Como poderá o professor propiciar a construção de conceitos que não domina? Por meio de alguns conceitos cartográficos e dos conteúdos geográficos, é possível ao aluno construir habilidades, conceitos, atitudes e valores básicos a seu necessário desenvolvimento integral, como o domínio das relações espaciais topológicas, projetivas e euclidianas; noções e conceitos de representação, orientação, localização, generalização e abstração?[11]

É importante trazer à tona respostas possíveis para essas questões, pois elas, a nosso ver, poderão nos auxiliar a pensar a dimensão da formação docente.

Assim, não é possível que o professor ensine conceitos que não conhece. A partir desse entendimento, podemos também afirmar que se explicita, portanto, a importância do domínio necessário que o docente deve ter em relação aos conceitos e conteúdos que irá trabalhar em sala de aula. Novamente coloca-se a questão da formação docente como elemento essencial no processo de ensino e aprendizagem de conteúdos geográficos. É preciso, portanto, avaliar constantemente o caráter da formação docente e assim questionarmos: Formação para quê? Para quem? É a partir das respostas que elaborarmos para essas questões que poderemos pensar numa dada concepção de formação que tenha como objetivo primordial a construção da autonomia intelectual docente.

Os conteúdos geográficos somente podem ser entendidos e ensinados por meio da utilização de várias linguagens que aproximam seres humanos de diferentes realidades. A linguagem cartográfica é, a nosso ver, uma das que indubitavelmente devem ser utilizadas no ensino, pois representa a territorialidade dos diferentes fenômenos,

---

11 Dentre os trabalhos por nós citados na linha de pesquisa "Metodologia de ensino" inscrevem-se os trabalhos de Abreu (1985) e Paganelli & Antunes (1985), que apresentam, sobretudo o último, os processos de construção desses conceitos e sua importância no ensino de Geografia.

razão de ser da própria ciência geográfica. Em outras palavras, é inconcebível ensinar, fazer entender a realidade do ponto de vista geográfico sem a utilização de mapas bem elaborados. Observamos, no entanto, que frequentemente muitos docentes dos diferentes níveis de ensino nem sequer utilizam essas representações em sala de aula.

Entendemos que, se o professor trabalhar alguns conceitos cartográficos e geográficos para que o aluno seja capaz de ler e usar mapas, é possível que o estudante se aproprie de uma série de conteúdos e conceitos que o auxiliarão a refletir sobre sua realidade. Tal fato auxiliará no desenvolvimento do aluno como ser humano, pois, ao aprender a elaborar raciocínios sobre determinadas realidades concretas, ele passa a adquirir condição para que sua autonomia intelectual se construa gradativamente, o que, por sua vez, constituirá seu desenvolvimento integral.

Parece-nos ser o ponto fundamental no processo de ensino e aprendizagem a dimensão concreta da realidade. Pode-se partir para a formulação do pensamento sobre essa dimensão, posteriormente, pensar o concreto representado e passível de ser transformado.[12] Nesse sentido, os conteúdos geocartográficos permitem a realização desse processo de crescimento cognitivo, revelando-se, assim, como fundamentais para o ensino, não só de Geografia, mas também para a aprendizagem num amplo sentido.

No conjunto, essas reflexões sobre a importância da pesquisa no processo de ensino e aprendizagem acabam por questionar as condições formativas dos professores para realizar tarefas ligadas à docência, e até mesmo se esse profissional tem consciência da necessidade de sua concretização para que possa ter autonomia intelectual no exercício de seu trabalho.

---

12 Katuta (1992), baseando-se em Piaget, discorre sobre os conceitos de operação, percepção e representação necessários à obtenção da noção de espaço e também para o trabalho com mapas.

4 A FORMAÇÃO DO PROFESSOR

Corre-se o risco de estar sempre descobrindo o óbvio.
(Carlo Ginzburg)

Ao longo dos últimos trinta anos, a educação brasileira debateu vários problemas acerca da questão teórico-metodológica, das questões relativas às metodologias de ensino e às tecnologias. Observamos também a elaboração de reflexões acerca do Estado e da escola no Brasil, da burocracia escolar, da estrutura, do ensino e de questões relativas ao aprendizado escolar.[1] Nos últimos anos, uma das temáticas mais em pauta e que vêm recebendo várias contribuições é a questão da formação do professor.

No conjunto de produções científicas, de problemas mais estruturais da educação brasileira, pareceu-nos mesmo que a temática da formação dos professores deveria sofrer um debruçar mais atento dos pesquisadores. Essa inquietação, no entanto, só pôde ser colocada a

---

1 Referimo-nos aos trabalhos de André, 1990; Bourdieu & Passeron, 1975; Chauí, 1980; Cury, 1992; Gadotti, 1986; Gamboa, 1989; Grigoli, 1990; Kuenzer, 1988; Mello, 1988; Paiva, 1984; Paro, 1991; Peixoto, 1991; Ribeiro, 1984; Rodrigues, 1987, 1988; Saviani, 1980, 1991; e Werneck, 1982; que contribuíram para nossas reflexões.

partir do momento em que percebemos que as produções científicas de ordem macroestrutural, diríamos, que foram gestadas nas universidades, nunca, ou quase nunca, chegam ao ensino fundamental e médio, tendo em vista que raramente os professores partilhavam desse processo de discussão e elaboração. Além disso, o desejo de marcar posições por parte de vários pesquisadores em educação produziu equívocos sérios sobre a figura do professor no tocante a seu trabalho e sua formação.

Um dos problemas sobre a pesquisa na rede pública é permitir que recaiam sobre o professor críticas gratuitas, uma vez que os trabalhos sobre formação docente colocam-no como abstração, sem considerar as reais condições de trabalho e vida desse sujeito. Sem recuperar o arsenal de experiências e conhecimentos que os professores acumularam, na maioria das vezes esses estudos falam dos professores como tábulas rasas.

Por outro lado, alguns trabalhos procuram enfoques diferenciados para discutir a qualidade docente. Peixoto,[2] por exemplo, indica que um dos problemas fundamentais da qualidade do trabalho docente está centrado na divisão técnica do trabalho, espelhada na escola por meio das funções e hierarquias (supervisores, coordenadores, diretores etc.), determinando a divisão entre o pensar e o executar.

A nosso ver, a questão se coloca em um plano anterior, pois a escola, no Brasil, é estruturada a partir da referida divisão técnica do trabalho. Ao longo dos anos consolidou-se, em geral, o "adestramento" docente, apenas para que o professor exerça a função de executor de planos, projetos educativos e metodologias pensados por outrem, em geral, um especialista em definir o que os professores devem fazer ou executar em sala de aula.

Não seria de imediato que ocorreriam o pensar sobre o processo de ensino e a aprendizagem e seus desdobramentos. Apenas a alteração, do ponto de vista de sua concepção, da estrutura da divisão técnica do trabalho, não seria suficiente para fazer emergir mudanças significativas na escola, porque as atividades referentes ao exercício de diversas funções na educação formal brasileira

---

2 Peixoto, 1991.

(direção, coordenação, supervisão e ensino, entre outras) estão também vinculadas às normatizações, legislações e, portanto, à dimensão do executar. Tal fato revela que o impedimento de pensar se estabelece sobre os professores e também sobre os demais sujeitos que compõem a hierarquia da instituição escolar.

Assim, parece-nos que a questão anterior está relacionada à formação inicial (graduação), ao domínio conceptual que o professor pode construir para o seu "fazer" escolar. Preocupa-nos, assim, os reflexos que a precária formação dos professores tem trazido à escola, fazendo que essa instituição não responda às necessidades fundamentais de uma sociedade que se queira democrática. Preocupa-nos, em particular, essa questão, uma vez que concebemos a escola como instância, se não única, ao menos primordial no processo de transformação da sociedade brasileira, e para (re)conduzi-la nesse caminho é necessário reconhecer e citar nominalmente quem efetivamente a constrói – o professor em sua relação de ensino com os alunos.

Essa leitura da escola, como dimensão de trabalho que pode ser reconstruído, rompe com o modelo teórico rígido de Bourdieu & Passeron,[3] classificado por Saviani[4] como crítico-reprodutivista, no qual a escola comparece como um "aparelho ideológico de Estado", destinado a reproduzir os modelos de dominação social. Ao contrário dessa concepção, enxergamos nela, no conjunto de seus sujeitos, seu caráter de "antiteticidade".[5]

Admitimos seu movimento e sua contradição, imanentes, e que, dada sua desqualificação ampla, quase não conseguimos vislumbrar muitos caminhos para superação. Talvez aí se inscreva um dos problemas da escola: o professor exerce um papel fundamental, seu trabalho significa de fato uma intervenção no cotidiano das pessoas, seu trabalho é mediado por uma prática reflexiva. Mas com qual qualidade se estabelece essa relação?

---

3 Bourdieu & Passeron, 1975, passim. Os autores baseiam sua argumentação na obra de Althusser, 1980.
4 Saviani, 1983.
5 A escola se coloca na dimensão da práxis de quem a constrói: a sociedade, esse é o caráter de antitecidade. Ver Lukács, 1979.

Na sala de aula a relação professor-aluno é mediada pelos conhecimentos a serem transmitidos [construídos]. O que se torna necessário, então, é que o professor domine estes conhecimentos, assim como a metodologia de sua elaboração, para que possa exercer seu papel mediador, possibilitando aos alunos tomarem consciência de sua condição de sujeitos, herdeiros dos conhecimentos dos quais vão se apropriando, e responsáveis pelo seu avanço histórico.

O que ocorre, via de regra, é que o professor não está preparado para desempenhar esse papel na sala de aula, devido à formação deficitária que recebeu, que nem lhe propiciou o acesso aos *conhecimentos necessários ao domínio do componente curricular que leciona, nem lhe deu oportunidade de desenvolver sua condição de sujeito produtor desses conhecimentos e responsável por seu avanço.*[6]

Nesse caso, é preciso reconhecer outros parceiros nesse processo, pois não é só o professor, mas também a universidade, responsável por essa escola que ora estamos discutindo. Temos, portanto, professores e alunos, na maioria das vezes, num mesmo nível científico, o que implica o não estabelecimento de uma relação efetiva de ensino e aprendizagem, aumentando em geral o desinteresse por parte dos alunos em aprender algo na escola.

A universidade, portanto, não tem assumido sua responsabilidade na formação dos professores com o vigor e a importância social que deveria ter e poderia desempenhar um papel crucial. Essa atitude do ensino superior faz que, em geral, os professores manifestem certa desconfiança quanto às possibilidades de contribuição formativa das universidades.

Assim, a crise na área de formação dos professores não é só uma crise econômica, organizacional ou de estrutura curricular. É uma crise de finalidade formativa e de metodologia para desenvolver essa formação, apontando para a necessidade de restabelecer a relação de comunicação e de trabalho com as instâncias externas nas quais os formandos vão atuar, ou seja, nas escolas públicas do ensino fundamental e médio, com sua cotidiana concretude.

A necessária proximidade entre formação e locais de atuação deve ser pensada pelas universidades, responsáveis diretamente

---

6 André, 1990, p.74 (grifo nosso).

pela formação docente e para que se possam resolver, com os professores, as questões relativas à crise de finalidade formativa que se instala no ensino superior e se reflete nos níveis anteriores de ensino e de metodologias para desenvolver essa formação.

FORMAÇÃO DO PROFESSOR: COMPETÊNCIA E COMPROMISSO

Centrar nossas posições acerca da qualidade formativa conduz-nos à necessidade de destacar um dos grandes debates da educação. Alguns trabalhos produzidos acerca da formação docente buscam uma análise dela sob o aspecto do domínio técnico ou do compromisso político do educador em sua prática. No debate, recaem questões sobre a estrutura da rede de ensino, a universidade, a organização escolar, a burocracia, os salários dos professores (em qualquer nível), a formação de licenciados em contraposição com a dos bacharéis, a sindicalização, entre outros, ou seja, um conjunto de determinações dessa síntese.

Vários trabalhos consideram que a formação do professor, bem como sua atuação, concretiza-se por sua competência técnico-pedagógica e por seu efetivo compromisso político. Nossa intenção é colocar o debate. Não se trata de reconhecer esses elementos junto aos professores, mas de verificar sua importância na formação docente.

Observamos que as discussões apontam para o reconhecimento e a necessidade de consolidar a dimensão do compromisso político junto à formação do professor, uma vez que se coloca a competência técnica como dada *(a priori),* em virtude de visualizar-se junto à rede de ensino uma escola tradicional – conteudista e técnica.

Abrimos aqui um parêntese para afirmar que é necessário ter cuidado, pois ao iniciarmos nossas discussões corremos o risco de sermos rotulados, tendo em vista as várias tendências que abordam a questão. E confessamos ter buscado conscientemente um ponto de análise que dentro da Geografia é ou passa eminentemente pela dimensão técnica, num amplo sentido, o que nesse momento parece-nos fundamental, e o é, uma vez que a especificidade do conhecimento geográfico e ao mesmo tempo sua amplitude reforçam essa necessidade.

Afirmamos essa necessidade, uma vez que outras pesquisas, acerca do trabalho docente, têm caminhado pela análise da especialização ou da divisão intelectual do trabalho, ou ainda por uma discussão de formação política. As questões que nos propomos a refletir e que, a nosso ver, são anteriores ao debate da especialização e divisão do trabalho são as que seguem:

1 É o professor especialista do que se propõe trabalhar?
2 Está efetivada a especialização e, portanto, há conteúdo para efetivar a mediação entre o pensar e o executar?

Diante desses questionamentos, nosso entendimento é de que a especialização não está garantida, ainda que no plano formal (histórico escolar e diploma universitário) ela compareça.

Recolocamos a discussão de que a universidade, regra geral, em relação à formação docente, tem trabalhado certas "teorias" e não tem instrumentalizado para o exercício do "trabalho". O que ocorre na maioria das vezes é uma orientação para um discurso aparentemente politizado (retórico), que mais compromete a formação política docente do que auxilia na reflexão sobre sua "prática" e da formação técnica necessária.

A discussão que realizamos não reduz os problemas da formação docente a uma visão técnica pura, unidimensional, pois reconhecemos a importância e a contribuição das pesquisas citadas ao longo de nossa reflexão.

O recorte específico da competência técnica e do compromisso político, nessa discussão, procura estabelecer um contraponto no tratamento da questão da formação docente, uma vez que os trabalhos, em sua maioria, reproduzem uma retórica, ou uma "prática discursiva" no que se refere ao compromisso político.

O trabalho de Gomes faz uma análise da produção científica no período de 1986 a 1989, no tocante à formação de professores, e aponta duas linhas fundamentais. Não significa dizer que essas linhas ignorem os aspectos totais da formação dos professores, mas partem de pontos diferentes: de um lado, discute-se a importância da competência técnica; de outro, o compromisso político.

A partir do trabalho de Mello,⁷ essa discussão toma corpo e, segundo Gomes, o debate:

> suscita posições conflitantes, pois se por um lado Mello defende a ideia de que pode-se chegar ao compromisso político a partir de atitudes que exijam competência técnica, Nosella vê aí um risco ao retorno às práticas pedagógicas tecnicistas, mascarando um problema mais complexo, ou seja, a reprodução do autoritarismo da escola atual. Para esse autor, há ênfase da bipolaridade entre o conceito de competência para a cultura dominante e para as classes trabalhadoras, isto é, a primeira polaridade toma a competência técnica como uma categoria acima dos interesses de classe, enquanto o autor em questão propõe que a questão da competência técnica seja analisada à luz do horizonte político.⁸

Reconhecemos, também em nosso trabalho, a preocupação de Nosella, que para nós seria o caso do fortalecimento das tendências tecnicistas da Geografia, questão que se evidencia nos discursos da *New Geography*. No entanto, particularmente na Geografia, esse debate precisa ser colocado, ainda que outras leituras possam ser incorporadas, tendo em vista, principalmente, que o problema não está superado.

Saviani esclarece a importância desse debate ao analisar as contribuições de Mello e Nosella; assim afirma:

> o que Nosella teme é a velha competência técnica, aquela articulação com os interesses da burguesia e ele aspira por uma nova competência técnica que seja produto das lutas do "coletivo dos professores, politicamente organizados" e articulados com os interesses dos trabalhadores.⁹

Ora, essa mesma compreensão sobre a competência técnica é a que buscamos, não permitindo, por sua articulação, ou melhor, pelo seu compromisso de classe – com os trabalhadores (ciência, ideologia e filosofia) –, leituras "recuperadoras" do tecnicismo ou

---

7 Mello, 1988, passim.
8 Gomes, 1993, p.12.
9 Saviani, 1991, p.47.

do jargão "competência técnica" para os professores como reafirmação dos discursos governistas. É também a isso que nos contrapomos, pois, diante de excelentes tecnologias educacionais, foram oferecidas alternativas técnicas que de competente nada possuíam a não ser a capacidade de mistificar e pulverizar, sob a aparência de uma pretensa técnica, o conhecimento e a crítica.

Reconhecemos, portanto, a existência de uma técnica ou saber pedagógico técnico, também sem "competência". Observamos que se, de um lado, tem-se uma crítica e uma preocupação constante com as distorções possíveis acerca da qualificação técnica do professor, de outro, o que temos é uma espécie de priorização do discurso da dimensão do compromisso político e uma subordinação da dimensão da competência técnica.

Dermeval Saviani, que reconhece a importância do patrimônio cultural da humanidade como fundamento para as transformações sociais e sobretudo da escola, afirma que a competência técnica e o compromisso político passam pela elaboração de métodos para alcançar os fins que implicam imediatamente competência técnica e, mediatamente, compromisso político. "A competência técnica *é mediação*, isto quer dizer que ela está entre, no meio, no interior do compromisso político".[10]

O que percebemos, no entanto, é que as análises, de maneira geral, procuram estabelecer bases em um ou outro ponto, e no geral a questão do compromisso político recebe uma acurada e precisa discussão. Com isso dá-se a impressão de que a questão da competência técnica está superada, pois garantida pela formação tradicional de nossos professores e, portanto, pela linha formativa de nossas escolas, e que esse conjunto precisa ser transformado e esse processo se concretizará se for mediado por uma prática compromissada politicamente.

Residem nessa análise dois equívocos fundamentais: primeiro, que a escola atual já não forma mais nos moldes de uma pedagogia tradicional conteudista-tecnicista; e, segundo, que é preciso compreender o "tipo" de formação que fora "dada" pela escola tradicional aos professores. Parece-nos, então, que como

---

10 Saviani, 1991, p.41 (grifo nosso).

um "remendo" acopla-se agora uma reflexão sobre compromisso político com bases filosóficas, cremos, totalmente divergentes das concepções que sustentaram a formação tradicional tecnicista. Há, portanto, um descompasso entre esses elementos. A superação dessa questão se estabelecerá a partir do momento em que construirmos uma outra dimensão de competência técnica e de compromisso político – para romper com os dualismos.

É o que destaca Saviani, quando afirma que:

> nós estamos ainda numa fase da defesa do compromisso político em educação. Nessa fase os elementos da luta contra a concepção técnico-pedagógica restrita e supostamente apolítica se dilataram morbidamente por causa do contraste e da polêmica. É necessário passar à fase clássica, encontrando nos fins a atingir a fonte para a elaboração das formas adequadas de realizá-los.[11]

Necessário se faz reconhecer esses elementos e recolocá-los em outra dimensão. Silva inicia esse caminho ao afirmar que:

> não são duas atividades que se unem, mas uma única, definida simultaneamente pelo pedagógico e pelo político, por isso mesmo totalmente pedagógica e totalmente política.[12]

O fato de colocarmos como objetivo fundamental em nosso trabalho a reflexão sobre a formação técnica e cartográfica do professor de Geografia não anula em nada essa assertiva. Ao contrário, buscamos reconhecer que a primeira não se coloca *a priori* e a segunda não se estabelece *a posteriori,* como peças de montagem.

Temos notado, no entanto, que a dimensão do compromisso político na prática docente tem assumido, regra geral, características que passam do objetivismo político ao panfletário. Em se tratando do ensino de Geografia, tal fato parece ser mais evidente. Afirmamos isso principalmente tendo em vista os livros didáticos dessa disciplina, pois eles, em geral, independentemente da matriz teórico-metodológica utilizada pelo(s) autor(es), tiveram seu dis-

---
11 Ibidem, p.69.
12 Silva, 1992, p.45.

curso aparentemente adequado às diversas propostas pedagógicas elaboradas nos Estados brasileiros. Regra geral, essas propostas fazem uma opção por uma determinada matriz teórico-metodológica, influenciando na reelaboração de parte dos discursos presentes nos próprios livros didáticos.[13]

Um outro momento ou questão bastante presente em livros didáticos, documentos do Ministério da Educação (MEC) ou Secretarias Estaduais e Municipais de Educação é o discurso corrente e recorrente da cidadania. Tal discurso, a título de exemplo, permeia todos os documentos que compõem os Parâmetros Curriculares Nacionais (PCN)[14] para as séries do ensino fundamental e médio. Observamos, com isso, que o discurso da "cidadania" parece ser o escudo sob o qual o atual governo oculta as reais intenções desses documentos, considerando-se a forma com que foram elaborados, bem como o processo pelo qual está ocorrendo sua legitimação.

A real intenção do MEC, ao elaborar ou encomendar a grupos de assessores especializados das diferentes áreas de ensino documentos como os PCN, foi a de estabelecer para o professor de ensino fundamental e médio conteúdos, formas de abordagem, metodologias, formas de avaliação, a serem realizados nos respectivos níveis de ensino, destituindo, portanto, o docente de toda sua autoridade pedagógica e profissional.

Ao estabelecer todos esses elementos, é preciso verificar que, apesar de defender a ideia de construção da cidadania, o MEC, sob a égide do projeto neoliberal do atual governo, não estabelece uma relação com o professor condizente com seu discurso, pois é preciso salientar que os docentes foram alijados das decisões sobre a necessidade ou não de elaboração desse tipo de documento

---

13 Vale a pena observar algumas produções didáticas de Geografia que trazem pacotes pedagógicos prontos para o professor e subscrevem suas coleções como "Geografia Crítica", ou aquelas que adotam uma retórica marxizada, distante do domínio conceptual do professor e dos alunos, para também denominá-la "crítica".

14 Atente-se para o fato de que o referencial dos PCN é extremamente conteudista, cujo objetivo é estabelecer uma base de medida para os processos de avaliação do MEC. Ao eliminar o aspecto metodológico e sua discussão, elimina também a possibilidade de mudança, a alteração do que está posto.

(Parâmetros[15] Curriculares Nacionais) e quais deveriam ser os princípios que norteariam nacionalmente os currículos de cada disciplina, entre outros.

Verificamos, portanto, que no processo de elaboração dos PCN, os professores, em momento algum, foram considerados como cidadãos; pelo contrário, observamos que, subjacente a essa prática encetada para a elaboração do referido documento, há uma concepção de que a divisão intelectual e técnica do trabalho é algo inerente à estrutura educacional brasileira: uns pensam (assessores do MEC, mentores intelectuais dos PCN) e outros executam (professores).

Reflitamos agora sobre o processo de implementação dos PCN. Observamos que tal processo está ocorrendo de forma extremamente autoritária, à medida que as "propostas" contidas nesse documento estão servindo de subsídios para a elaboração das chamadas Diretrizes Curriculares do Ensino Superior e para a realização das chamadas Avaliações Externas da Escola (Provão) e para a (re)elaboração e/ou readequação de boa parte dos livros didáticos, com o consentimento ou não dos seus autores (seus editores?), na perspectiva do "estrelato".[16]

Considerando-se o que explicitamos logo acima, podemos afirmar que, do ponto de vista da elaboração e implantação dos PCN, ao professor restou apenas a possibilidade de ser o executor de um "guia", travestido de parâmetro.

É preciso pensar os PCN sob a seguinte ótica: se esse documento retira do professor a capacidade de esse profissional pensar o processo de ensino e aprendizagem, acaba por tirar um dos elementos inerentes a uma determinada concepção de cidadania, que é a capacidade de pensar e ter autonomia. Observamos, portanto, que a concepção de cidadania para o atual governo e equipes que compõem o MEC está muito mais relacionada com a suposta inser-

---
15 "Parâmetro, s.m. *(Álg.)* Elemento, geralmente representado por uma letra, que entra numa equação e a que se pode atribuir um valor qualquer: *(Arit.)*: números pelos quais se divide *proporcionalmente* um número dado." Ferreira, 1983, p.898 (grifo nosso).
16 Fazemos referência ao processo de análise e avaliação dos livros didáticos que conferem estrelas ao livro didático de acordo com sua adequação aos "princípios" do MEC.

ção de diferentes sujeitos sociais no mercado de trabalho, que aos poucos tem deixado de existir. Em função do que refletimos anteriormente, é preciso que os professores de Geografia tenham domínio ou competência técnica, pois trata-se de assumir a dimensão prática do compromisso político. Como afirma Saviani:

> O compromisso político assumido apenas no discurso pode dispensar a competência técnica. Se se trata, porém, de assumi-lo na prática, então não se deve prescindir dela, sua ausência não apenas neutraliza o compromisso político, mas o converte em seu contrário.[17]

Nisso residem alguns problemas fundamentais da formação docente, como a incorporação de jargões "marxizados" dentro da Geografia sem o efetivo domínio conceptual. Ocorre o que Silva aponta como:

> uma das grandes ameaças do intelectual à causa revolucionária, pois nem sempre a aproximação teórica vem acompanhada do compromisso revolucionário.[18]

A prática docente, no ensino fundamental, médio e até superior, tem revelado, em geral, que o "discurso" assumido por muitos tem suplantado alguns saberes que, para a Geografia, são fundamentais.

Na palavra de alguns professores, quando não apresentam domínio sobre determinados conteúdos geográficos: "A gente pula".

Existem saberes fundamentais a nossos alunos para que eles possam entender melhor o mundo que os cerca. Ao deixarmos de perceber tal ponto, ou a necessidade de dominarmos tais conceitos, informações e técnicas de instrumentalização específicos da Geografia, corremos o risco de propor para nossos alunos uma escola cujo discurso é ineficiente do ponto de vista da inserção dos diferentes sujeitos sociais no local em que vivem e, portanto, muito mais caótica do que a proposta do ensino profissionalizante (Lei

---

17 Saviani, 1991, p.43.
18 Silva, 1992, p.28.

nº 5.692/71). Tal questão foi debatida por Gramsci ao apontar a necessidade de uma escola formativa elementar.[19]
Forjar essa escola depende essencialmente dos professores e de seu saber, de sua capacidade de transformá-lo e revelar seu aspecto emancipador.

O SABER DO PROFESSOR

Quando abordamos essa questão, não buscamos desconsiderar outros fatores que interferem na prática docente, pois não se trata de abordar o professor isoladamente em seu domínio conceptual. É preciso salientar que essa análise centra-se exclusivamente na compreensão de que a ausência do domínio conceptual compromete o trabalho do professor de forma significativa.

A importância desse diálogo aberto é que ele ratifica o papel do professor na escola e as contribuições que uma atividade docente qualificada traz ao conjunto da sociedade. O trabalho do professor guarda, assim, elementos intrínsecos que determinam seu fundamento, pois trata-se do seguinte:

> uma atividade cujos instrumentos e cujo objeto e objetivo são de ordem intelectual usa as ideias para atuar sobre as consciências que se transformam não só no nível da aquisição de conhecimentos (nível cognitivo), mas também no nível da orientação e produção de finalidades (nível teleológico).[20]

Nesse quadro coloca-se o ensino da Geografia, pois entendemos que ele é importante para o entendimento da realidade, compreensão das formas de organização socioespacial e, portanto, territorial e que, dada a sua concretitude, permite avançar nas discussões por uma outra forma de vida e trabalho humano. Não obstante o reconhecimento dessas questões, sua prática acaba delineando caminhos pouco precisos, à medida que, regra geral, uma determinada retórica

---
19 Gramsci, 1982, p.9: "A escola é o instrumento para elaborar os intelectuais de diversos níveis".
20 Ibidem, p.33.

se instala no ensino sem contribuir de forma significativa para a formação dos estudantes.

Masson,[21] em sua pesquisa, aponta as preocupações acerca dos níveis de verbalização utilizados no ensino de Geografia na França, e atenta para o emprego de termos pouco precisos, ou até mesmo banais *(banalisé)*, junto aos estudantes, decorrendo desse processo problemas de formação sobre conceitos geográficos. Essa preocupação também está presente nas reflexões de Lacoste, quando discute as questões relativas à carência de reflexão, sobre:

> os efeitos do instrumental conceptual utilizado sobre as construções parciais que se efetuam e *que se consideram, erroneamente, como expressão da realidade global.*[22]

Ao nos debruçarmos sobre essas citações, percebemos a importância da questão da formação do professor e, especificamente, no que se refere aos domínios dos conceitos cartográficos, que, via de regra, têm pouca reflexão elaborada sobre seu uso.

Essa ausência de reflexão sobre a importância dos conhecimentos cartográficos pode ser percebida na análise do material de Geografia produzido pela Secretaria da Educação do Estado de São Paulo – FDE, elaborado com o intuito de "contribuir" para a preparação dos professores para o concurso público de Professor III, conforme o texto: "Objetiva contribuir para a reflexão dos professores sobre *temas fundamentais* que constam na indicação bibliográfica publicada no DOE de 19 de maio de 1992".[23]

O material, na descrição de seu objetivo, aponta para *temas fundamentais* que constam na "indicação bibliográfica publicada no DOE de 19 de maio de 1992". Nossa indagação inicial foi se, na publicação do Diário Oficial do Estado, havia referências aos conhecimentos cartográficos como instrumental do ensino de Geografia que visa à melhor compreensão das diferentes territorialidades.

No Diário Oficial do Estado consta a relação de conteúdos cartográficos sob o item 8, citados da seguinte forma:

---

21 Masson, 1990, p.168-71.
22 Lacoste, 1974, p.270 (grifo nosso).
23 São Paulo (Estado), 1992b.

8. Geografia e Cartografia:
8.1. – Mapas e gráficos: leitura, análise e interpretação gráfica.[24]

Ao voltarmos nossa análise para o material "de preparação", observamos que nele discutem-se questões relativas ao processo de industrialização, internacionalização da produção, questões energéticas e agrícolas, agrárias, produção mundial, processo de urbanização, divisão do trabalho, apropriação da natureza, questão ambiental e a nova ordem mundial.

Com isso, apresenta-se, no referido documento, um conjunto de temas de reconhecida importância mas fechados em uma orientação "teórico-metodológica", na qual não se inscreve a totalidade das temáticas (conteúdos e conceitos) das quais os professores deveriam ter domínio. Observamos que muitos desses conceitos foram exigidos ao nos determos em uma análise detalhada da prova aplicada no referido concurso.[25]

Como temos salientado, alguns conteúdos ou foram considerados "dados" *a priori* ou foram identificados como "secundários" na formação docente, talvez porque, do ponto de vista dos autores e responsáveis pela elaboração do material de "preparação", expressem uma dimensão técnica e não política da ciência geográfica. Acreditamos que isso é um equívoco, pois conhecimentos cartográficos são indispensáveis para uma instrumentalização docente que tencione ensinar para os alunos a lógica da distribuição territorial dos fenômenos. A nosso ver, se o ensino de Geografia deveria ter a preocupação de instrumentalizar o aluno para que possa entender a lógica que norteia as diferentes territorialidades produzidas pela humanidade, os conhecimentos da cartografia geográfica são imprescindíveis para que se possa realizar o movimento do pensamento.

---

24 São Paulo (Estado), 19.5.1992, p.46.
25 Nossa intenção era fazer uma análise sobre o índice de acertos dos professores no concurso de Professor III realizado em 1993, a qual seria baseada em algumas questões por nós avaliadas como de domínio conceptual cartográfico. No entanto, apesar de nossa insistência, a Secretaria da Educação não permitiu o acesso às fichas de respostas do referido concurso, alegando que o arquivo era de uso exclusivo daquela repartição.

Equivocam-se muitos geógrafos que concebem o domínio dos conhecimentos geocartográficos apenas em sua dimensão técnica. Em nossa opinião, eles não atentaram para o fato de que é impossível encetar análises geográficas sem o uso de uma linguagem específica (como é a da geocartografia), que explicita as relações que ocorrem em diferentes lugares, que influenciam diversos processos e dinâmicas produzidas pela humanidade, em suas relações com os outros elementos da natureza, por meio do trabalho, de forma territorializada.

Gomes afirma que o conteúdo não se refere a apenas um aspecto técnico do ensino, mas efetivamente de domínio do trabalho.

> Quando se pensa em profissionalização, não se deve vinculá-la apenas ao aspecto técnico, mas sim ao domínio destes conteúdos que efetivamente devem ser ensinados na escola. A falta de domínio destes conteúdos gera o que poderia ser chamado de desprofissionalização, já que se supõe que em qualquer área do conhecimento o profissional deve estar minimamente capacitado a exercer suas tarefas.[26]

Isso implica dizer que existe um elemento mediador nesse processo que permite entender os elementos da formação docente pela totalidade e que, portanto, reconhece-se que uma prática que se almeja transformadora deve construir consigo a competência técnico-pedagógica, o domínio dos conceitos e um efetivo compromisso com as classes trabalhadoras,[27] "porque há um elemento de mediação significativo entre os dois: a perspectiva ética".[28]

A questão ética revela nosso compromisso com a transformação e, portanto, é condição *sine qua non* para que tal fato se torne efetivo – a seriedade no domínio e preparo de nosso trabalho dentro e fora da sala de aula.

Outro aspecto a considerar sobre as publicações do governo do Estado de São Paulo, por meio da SE e FDE, é a indicação bibliográfica, pois percebemos que no DOE de 19 de maio de 1992 existe a citação dos trabalhos de Almeida & Passini (1989), Joly (1990),

---

26 Gomes, p.51.
27 Acostumados a uma visão uniclassista, esquecemos que a simples expressão "compromisso político" não revela com quem ele se estabelece, porque um certo "não compromisso político" é, também, um compromisso.
28 Rios apud Gomes, 1993, p.44.

Libault (1975), Paganelli & Antunes (1985) e Simielli (1986). É preciso salientar que três dos autores citados acima apresentam significativa contribuição ao tema Cartografia e Ensino de Geografia no Brasil.

É em função dos elementos ora apresentados que podemos refletir sobre as dificuldades de domínio dos conteúdos e conceitos cartográficos do professor de Geografia. A partir desses elementos, podemos afirmar que não há como romper com o atual círculo formativo sem a necessária integração entre pesquisa e ensino, dado que tal posicionamento requer a construção de novos paradigmas que espelhem não apenas uma concepção de ciência, mas, sobretudo, de método. É preciso entender também que o material da Secretaria de Estado da Educação de São Paulo, como "contribuição" aos professores, foi produzido a partir de uma determinada perspectiva metodológica, com equívocos de quem se propõe transformador da ciência geográfica mas que não a compreende como totalidade.[29]

Após anos de crítica sobre a "Geografia dos professores", a "Geografia da sala de aula", a comunidade geográfica brasileira acabou se envolvendo em vários projetos. No Estado de São Paulo, por exemplo, o resultado obtido foi a proposta de Geografia da

---

29 O distanciamento que se coloca entre as concepções de Lenin e Luxemburg é exatamente este: a dimensão de totalidade é compreendida pela segunda, enquanto a dimensão de partes, pelo primeiro.
"Todo movimento é movimento de uma totalidade, pois se ele próprio é considerado uma totalidade em si mesma, não há movimento no interior da sociedade. Entre os leninistas e/ou stalinistas, só é admitido como movimento real o movimento monolítico do proletariado – representado a partir da *vanguarda operária,* e não do movimento dialético que ocorre na contradição da sociedade capitalista, a luta de classes. Por isso, a aparente ruptura existente a partir da Revolução Socialista nos permite considerar que *a totalidade foi perdida no discurso, para que o método se assumisse como ciência, determinante da ideologia e da filosofia verdadeira* para o proletariado e, portanto, para a humanidade. Não foi pueril a polêmica entre Lenin e Rosa Luxemburg... É necessária a unidade entre matéria e representação ideal – o trabalho visto pelo próprio trabalhador como práxis, o que coloca a necessidade de uma integridade e coerência do método, que indica que devemos nos preocupar com este para *orientar-nos nas indagações e respostas sobre as modalidades de saber nele envolvidos.* Sem método, não se discutem conceitos, categorias e/ou princípios, sejam eles científicos, ideológicos e/ou filosóficos. Desta maneira, a atividade científica, assim como qualquer outra, *se torna preconceituosa, não contempla a existência e, portanto, não contribui para a superação das dificuldades que nela encontramos quotidianamente"* (Souza & Alves, 1994, p.14).

CENP para o então ensino de 1º grau. Trata-se de um documento que busca colocar o ensino exatamente na perspectiva de mediação entre o compromisso e a competência. No capítulo seguinte, procuramos discutir algumas das implicações desse novo saber e fazer pedagógico da Geografia.

5 O DEBATE GEOGRÁFICO

> Bons mestres e bons livros já muito aconselham os geógrafos para que renunciassem às explicações simplistas. Suficientemente advertidos, não se cansam eles de assinalar a complexidade dos fenômenos em que participam as sociedades humanas. Tais advertências são reiteradas aos principiantes para que evitem os caminhos estreitos e os limitados até onde os conduziria uma observação parcial ou unilateral dos fatos.
> *(Pierre Monbeig)*

Mesmo a partir da elaboração da proposta de Geografia para o então ensino de 1º grau pela Coordenadoria de Estudos e Normas Pedagógicas do Estado de São Paulo (CENP), verificamos que o debate geográfico ainda não havia abandonado ou superado a dicotomia elaborada a partir de uma dada concepção dessa ciência (as relações homem x meio). A visão dual possibilista e determinista ganhou o corpo de um debate mais sofisticado primado pelo novo embate: Geografia Crítica x Geografia Tradicional, Geografia Crítica x Geografia Quantitativa. Tal debate se sustentou, pelo menos dentro dos discursos acadêmicos, sobre a questão do método. Na repercussão desse momento de enfrentamento da proposta de Geografia, o discurso, no entanto, assumiu o apanágio de uma outra dualidade que recaiu sobre a aparência do objeto dessa ciência, e mais, sobre o conteúdo de pesquisa da ciência geográfica: as "partes" física e humana da Geografia.

Observamos que, na busca de hegemonia, o debate não permitia, pelo menos na visão de alguns, a sobrevivência de uma Geografia unitária; portanto, a dualidade permitia a divisão do conhecimento geográfico entre aqueles que se dedicavam à Geografia Física e aqueles que se dedicavam à Geografia Humana.

Na tentativa de ruptura da dualidade dos conteúdos, surgem ou ganham destaque as "discussões ambientais", os conceitos como formação socioespacial, território e análise geossistêmica, entre outros. A dualidade de conteúdos se instaurou e foi como se tivéssemos dado uma grande volta para chegarmos no ponto comum. Nesse caso, o ponto comum era a própria reflexão de Lacoste, já citada neste trabalho: "O problema ideológico parece estar no cerne do problema epistemológico da Geografia".[1]

O rompimento do ponto comum não se estabeleceu e apresentamos uma questão para tentar perceber de forma mais clara o que Lacoste propusera: Em Geografia, a dicotomia Física x Humana é verdadeira? Ou o problema da Geografia se estabelece a partir das visões sociais de mundo dos sujeitos que a constroem e não pelo "objeto" dessa ciência?

É por esse caminho que nos propusemos a fazer uma análise do que se produziu como um dos resultados deste debate: a proposta de Geografia para o 1º grau CENP.

---

1 Lacoste, 1974, p.239.

O DEBATE GEOGRÁFICO E A PROPOSTA DA CENP

> O trabalho de reflexão crítica e de análise polêmica é um processo longo e deve-se desconfiar da pressa em superá-lo. Muitas manifestações de "saturação", de crítica e de polêmica escondem um perigoso ativismo, quando não uma rejeição da emergência de novas hegemonias.
>
> *(Paolo Nosella)*

A partir da década de 1970, a Geografia passou por um conjunto de mudanças que refletiu o engajamento de seus profissionais em relação ao entendimento dos problemas da sociedade. As contribuições de Yves Lacoste e Pierre George, entre outros, constituíram um marco e passaram a influenciar o debate geográfico brasileiro, aliados ao resgate dos trabalhos de Elisée Reclus e Piotr Kropotkin.

Assim, a chamada "Renovação da Geografia brasileira" debateu, num primeiro momento, o dualismo entre possibilismo x determinismo. Tal debate constituiu-se baseado nas disputas territoriais francesa e prussiana. A Geografia brasileira, que se consolidou a partir do modelo francês, sofreu influências de uma dada concepção de renovação tecnológica (Geografia Quantitativa) e deparou com questões apresentadas pelo movimento de renovação geográfica, a partir da Geografia Crítica ou Radical.

Esse debate, como asseveramos, culminou com a discussão sobre a dicotomia entre a Geografia Física e a Geografia Humana. Tal debate, a nosso ver, foi por demais maniqueísta, não somente por apresentar os interesses mais individuais dos debatedores como também por assumir a impossibilidade de convivência filosófica e, portanto, científica entre os expoentes. Constituiu-se uma dimensão de intolerância, não apenas por parte daqueles supostamente "não democráticos", mas também por alguns que se julgavam "os democráticos da Geografia".

Entendemos que a questão, nesse momento, foi desfocada, pois não se tratava de um problema apenas de objeto de estudo, mas sobretudo de método, de entendimento da questão; portanto, de classe ou hegemonia delas.

Claro que essa divergência normalmente se espelhava no plano acadêmico e, assim, cada um procurava garantir ou fazer valer sua visão de mundo e de ciência numa busca pela hegemonia. A Geografia, por ser ciência, é humana (sociedade) ou é física (natureza)?

As discussões acerca dessa problemática, além do desfoque, vincularam-se a uma certa necessidade de algumas pessoas, que faziam essa ciência, de apresentá-la como "positiva", empírica ou prática.

Nessa perspectiva, e em essência, o que tivemos em Geografia foi a dissimulação da totalidade e da contradição pela dicotomia. Marilena Chauí nos indica que as leituras dicotômicas têm como suporte:

> uma certa noção de objetividade e, portanto, uma certa imagem de racionalidade que se torna hegemônica, isto é, objeto de consenso, interiorizada e invisível como o ar que respiramos.[2]

Assim, objetividade e racionalidade – em tudo que lhe são imanentes – se tornam certas e verdadeiras, sobretudo no ensino de Geografia. O que se consolida não é apenas a distinção entre um polo e outro do conhecimento geográfico, mas uma certa autonomia que se estabelece entre um e outro. É esse debate que, ao se consolidar como uma prática dicotômica, tenta elaborar na aparência uma Geografia unitária, na busca do consenso, ou melhor, na busca da construção de uma hegemonia que pudesse abarcar uma nova leitura geográfica e com a ansiedade de rompimento com a chamada crise. Esse conjunto de proposições, de interesses, ao caminhar para a sala de aula, perdeu-se no trajeto.

Um dos canais condutores, e talvez o mais importante desse debate para a escola no Estado de São Paulo, foi, com certeza, a proposta de Geografia da CENP, pois objetivou inaugurar uma concepção de ciência geográfica que se propunha a romper com os dualismos. Apresenta-se como um saber que se propõe transformador, um caminho difícil. A partir desse entendimento, podemos levantar a seguinte questão: Quais são as implicações de um saber que se propõe transformador?

---

2 Chauí, 1990, p.4.

UM SABER INSTITUINTE E INSTITUÍDO: O CASO DO ESTADO DE SÃO PAULO

> O esforço para penetrar e compreender as maneiras de pensar do grupo estudado torna-se ainda mais necessário se elas diferem das nossas
> *(Pierre Monbeig)*

A proposta de Geografia da Coordenadoria de Estudos e Normas Pedagógicas do Estado de São Paulo – CENP foi produzida ao longo dos anos 80 e por várias vezes discutida e reelaborada.[3] Sua chegada recebeu críticas, elogios, criou expectativas. Nesse contexto, as manifestações de alguns geógrafos vincularam-se em total apoio, pois viram nela ressonância de suas concepções de mundo e ciência; outros, por não enxergarem nela, por estreiteza metodológica, um "seu pedaço" de ciência condenaram-na – retomando a falsa dicotomia física e humana. Enfim, a proposta sobreviveu e cresceu no debate, mas queremos retomá-lo lembrando as reflexões de Saviani, quando este discute um outro dualismo – competência técnica e compromisso político.

> Com isso quero dizer que não é exato afirmar que o momento da crítica já passou, tendo soado a hora da ação. Penso, isto sim, que são os conteúdos tanto da crítica e da denúncia como da ação que estão mudando. Importa, pois, aprofundar esse processo de modo a se atingir um novo patamar.[4]

A proposta de Geografia foi produzida por um conjunto de professores da rede estadual de ensino e uma equipe de professores-assessores da CENP e das universidades paulistas; construída na perspectiva dos primeiros, professores da rede estadual paulista

---

3 A proposta de Geografia da CENP, que passou a ser produzida a partir de 1984, foi debatida por representantes dos professores e, ao longo desses anos, foi reelaborada, tendo sua última publicação revisada no ano de 1992.
4 Saviani, 1991, p.69.

de ensino, porém, distante da realidade da sala de aula. Tal fato gerou preocupações por parte dos coordenadores e iniciou-se um processo que, posteriormente, tornou-se um complicador para o debate e avanço do ensino de Geografia.

Colocamos esse processo como complicador porque, ao penetrar mais diretamente nas estruturas burocráticas da Secretaria de Estado da Educação de São Paulo, se estabelece um discurso e uma prática de implantação da proposta que, nesse processo, acabou transformando-se em guia curricular. Tal fato acabou por contradizer o processo de elaboração da proposta em seus aspectos mais internos. Surge uma dupla contradição: primeiro porque, como proposta, não poderia ser implantada – a ação do Estado em torná-la um manual do professor fez perder sua essência de projeto alternativo –; segundo porque, ao concentrar-se em uma base filosófica transformadora, não poderia ser imposta, mas discutida, refletida e adotada por aqueles que a consideravam pertinente. Tal fato ocorreu principalmente quando os processos de seleção de docentes das escolas-padrão[5] passaram a exigir, em seus planos de trabalho, reproduções quase literais da proposta.

Ao questionarmos os professores que participaram do processo seletivo para poderem trabalhar nas escolas-padrão sobre como elaboraram seus planos de ensino (documento exigido no processo de seleção), todos afirmaram que o documento básico utilizado foi a Proposta de Geografia da CENP:[6]

> A proposta de trabalho *tem que ser em cima da proposta da CENP,* não foi dado claramente, mas é a informação que se tem, tinha que conhecer a proposta. (grifo nosso)

> Até a 8ª série *tem que ser a proposta,* no 2º grau este ... esboço de Proposta. (grifo nosso)

> Nesse que eu estou usando parece que é a Proposta.

---

5 O Projeto Escola-padrão foi constituído pelo então secretário de Educação do Estado de São Paulo, Fernando Moraes, no governo de Luiz Antonio Fleury Filho (1990-1994).

6 Indicamos as respostas dos professores, fruto de nossa pesquisa de campo, tendo em vista serem necessárias à elucidação de nossas considerações.

A Proposta tem que ser a base do plano, é a exigência.

Ao questionarmos suas impressões acerca da Proposta de Geografia, tivemos algumas contribuições sérias para analisar sua implantação:

Não concordo com esse ponto [Humana]. Não sei, enxergo o vestibular, as escolas particulares, sou contra a *aplicação* dela. O físico talvez seja até mais importante e junto com a humana é que o aluno vai aprender.

Gosto, trabalho com os alunos os problemas da realidade e não assunto que não condiz.

É uma Geografia marxista.

Tem coisa que eu concordo e coisas que não concordo. Uso o mais viável.

Razoável. Não concordo, é uma proposta do governo.

Quase o que a gente vê na proposta é ultimamente a Geografia Humana, a Geografia Física é esquecida. Tem que relacionar. Não concordo com essa proposta. Não sei, enxergo a escola particular, o vestibular, eles pedem outra coisa, também sou contra a aplicação dela.

A gente bate a cabeça, é séria, é boa, só que despreza a física, tem mais humana. Teria que trabalhar os aspectos humanos sem deixar o físico.

Ela procura superar a compartimentação, a transmissão pura e simples de várias linhas, vários autores. Está embutido que é a Geografia Humana, a sociedade, eu acho que é este o objeto da ciência geográfica. A preocupação fundamental é a sociedade, propõe isso como forma de trabalhar o conteúdo geográfico pelo construtivismo. Parte-se da realidade do aluno (é a pedagogia). Minha preocupação é de não dar a coisa à parte. É complicado... Não sei se a proposta é o problema, acho que não. O professor não domina, ele tenta estabelecer uma relação dialética, mas não consegue. A proposta não pontua o físico, apesar de pontuar o humano. Se o professor for bem formado ele consegue levar a proposta.

A escola que nos ensinou foi mais física que humana. Com a discussão da dicotomia veio a proposta da CENP, que é humana, não dá para negar isso. Penso que temos que ver até que ponto estamos também sendo manipulados pelo Estado. A CENP não deixou a física transparecer de forma bem trabalhada na proposta.

O problema é a física. E temos as questão do vestibular. Eu ensino apenas uma parte para os alunos. A física e a proposta têm problemas e os vestibulares não mudam e ainda bem, porque eu acredito que a física deve continuar sendo trabalhada, coisa que nós não fazemos, nem mesmo a cartografia.

Percebemos assim, pelos depoimentos dos docentes, que algumas de nossas considerações acerca da implantação da Proposta de Geografia se vinculam à ideia de que esta, na concepção docente, foi elaborada externamente pela Secretaria Estadual de Educação, apesar de, como já dissemos anteriormente, ter sido uma proposta elaborada também com a participação de seus pares.

Outro aspecto importante que aparece explicitado nas respostas dos docentes é a representação do debate geográfico não pelo método, mas sim por meio da aparência e/ou do fato de privilegiar conteúdos (físico e humano). Uma última consideração que merece atenção é a necessidade de domínio e formação do professor em relação aos conhecimentos colocados na proposta, presente em várias respostas dos professores.

A nosso ver, acontecia, só que num tom de discurso transformador, uma outra exigência de competência, a da "Proposta" e da mesma forma, agora, a dos Parâmetros Curriculares Nacionais.

> A ciência da competência tornou-se bem-vinda, pois o saber é perigoso apenas quando é instituinte, negador e histórico. O conhecimento, isto é, a competência instituída e institucional não é um risco, pois é arma para um fantástico projeto de dominação e de intimidação social e política.[7]

Temos clareza de que, quando se inicia um processo transformador, diríamos revolucionário, acabamos por perder a dimensão de seu movimento e/ou das implicações que dele decorrem.

---

7 Chauí, 1990, p.13.

Consolidada a exigência burocrática, a Proposta da CENP para a área de Geografia perdeu suas características e se distanciou dos livros didáticos editados naquele momento ou dos demais programas oficiais de ensino apenas pelo discurso.

Afirmar isso não significa dizer que os trabalhadores do ensino de Geografia dos mais diferentes níveis que produziram a proposta estavam todos colimados com esse processo, ao contrário; Oliveira, ao descrever a realidade do ensino de Geografia, apontava a necessidade de uma ação renovadora.

> Os professores e os alunos são treinados a não pensar sobre o que é ensinado e sim, a repetir pura e simplesmente o que é ensinado. O que significa dizer que eles não participam do processo de produção do conhecimento.[8]

Não participar do processo de produção do conhecimento significa a negação do trabalho como atividade criadora, e o autor está correto em afirmar que:

> isto se deve ao fato de que entre nós a divisão do trabalho acadêmico também está presente. *Uns produzem a teoria, outros ensinam, portanto praticam a teoria.* Esta divisão cria entre nós uma falsa dualidade entre o professor e o pesquisador ... Ou juntamos a teoria à prática e vice-versa, ou certamente continuaremos a nos envolver com "as falsas questões" dualistas que têm encontrado terreno fértil na Geografia O rumo à práxis é o caminho para revolucionarmos a Geografia, ou melhor, a sociedade.[9]

Uma análise detalhada dessa citação permite perceber que o autor admite a existência de uma divisão intelectual acadêmica, e que uns produzem a teoria e outros a praticam. Por isso, é preciso refletir: até que ponto o professor, a partir da proposta, assumida como exigência, reelabora a teoria na dimensão de sua prática? Justificar e somente explicitar a existência de tal processo apenas reforça o modelo criticado anteriormente.

---

8 Oliveira, 1984b, p.29-31.
9 Ibidem, p.31 (grifo nosso).

Aqueles que "praticam" e "não produzem" a teoria acabam, por sua vez, reproduzindo com qualidade discutível o que foi pensado e, portanto, produzem uma teoria outra, até mesmo contrária à primeira, uma vez que não foi mediada pela reflexão, mas pelo pragmatismo e pela imposição do fazer (prática).

> o conceito de teoria tem a abrigar não só a consciência teórica de uma determinada práxis revolucionária, a análise de suas experiências de seu balanço, como também o estudo das condições objetivas que, numa ou noutra escala histórica, determinam a necessidade e a possibilidade dessa práxis.[10]

Há, portanto, uma concepção reprodutivista, nos limites das leituras realizadas sobre a proposta, na compreensão dos professores, sem o aprofundamento advindo do estudo e do debate, necessários a uma (re)criação autônoma. É para tal fato que nos chama a atenção Grígoli, ao afirmar que a

> ausência de preocupação em se evidenciar e explorar a articulação entre essas duas instâncias – a teórica e doutrinária e ideológica e a prática e metodológica e tecnológica – tem conduzido a concepções práticas fragmentadas, às vezes contraditórias na medida em que, não apreendendo o fazer didático do professor como parte de uma totalidade, não o focaliza como um conjunto de decisões e ações que, ao produzirem o cotidiano da sala de aula, reproduzem e concretizam uma visão de mundo, de homem, de sociedade, de educação e de universidade.[11]

Não é nossa intenção engrossar as fileiras daqueles que apostaram na crítica sobre a Proposta da CENP a partir da concepção da doutrina marxista,[12] como nesta citação de Vesentini, em que afirma haver

> supervalorização de conceitos já prontos – elaborados por Marx e Lenin – que deveriam apenas ser "assimilados" pelos alunos, e participam como burocratas em aparelhos de Estado encarregados de

---

10 Vasquez, 1997, p.228.
11 Grígoli, 1990, p.92.
12 Os trabalhos de Magnoli & Araújo (1991) e Vesentini (1989, 1992) fazem críticas à Proposta de Geografia da CENP nessa direção.

definir "programas oficiais" e fiscalizar o seu cumprimento: esses são os principais efeitos perniciosos do dogmatismo e da cooptação na educação em geral e no ensino de Geografia.

Dogmatismo, no sentido de não se estudar Marx, por exemplo, mas apenas "decorar" suas palavras, petrificando seus conceitos. Cooptação no sentido de servir o Estado, atuando contra os interesses populares e em prol do fortalecimento da máquina repressivo-ideológica.[13]

Não vamos desconsiderar, no entanto, a possibilidade de que nesse processo de implantação tenham se apresentado caminhos outros que levaram a um desvio dos objetivos básicos da proposta e à distorção das bases teórico-metodológicas que a sustentam, principalmente por ter sido imposta ao professor.

Nossas discussões não se constroem a partir da crítica à proposta da CENP como documento e projeto de Geografia, até porque não é o objetivo deste trabalho, mas é preciso compreender alguns descaminhos que ela apresentou em sua "prática".

> A questão de saber se cabe ao pensamento humano uma verdade objetiva não é uma questão teórica mas prática ... a disputa sobre a realidade ou não do pensamento isolado da práxis – é uma questão puramente escolástica.[14]

Em função dessas questões, não propomos uma análise isolada da Proposta de Geografia da CENP, e partimos por reconhecer que

> é uma prova de mecanicismo dividir abstratamente em duas partes e depois encontrar uma relação direta e imediata entre um segmento teórico e um segmento prático. Essa relação não é direta nem imediata, fazendo-se através de um processo complexo, no qual algumas vezes se passa da prática à teoria e outras desta à prática.[15]

A dimensão de processo inscreve-se em nossa crítica. Não se trata do que a proposta colocou como proposição teórica, mas como na prática ela postulou uma nova teoria ante o que se realizava na escola.

---

13 Vesentini, 1992, p.53.
14 Marx apud Vesentini, 1992, p.44.
15 Vasquez, 1997, p.233.

A verdade de um conhecimento ou de uma teoria está determinada não pela apreciação subjetiva, mas pelos resultados objetivos da prática social. O critério da verdade só pode ser a prática social. O ponto de vista da prática é o ponto de vista primeiro, fundamental, da teoria materialista dialética do conhecimento.[16]

Ora, se a prática é o condutor básico da reflexão sobre o real, perguntamos: que prática se estabelece para uma proposta cuja implantação foi determinada?

Nas questões por nós elaboradas, observamos que 100% dos professores utilizaram a proposta da CENP como documento básico de seu trabalho, mas apenas 68% afirmaram conhecê-la profundamente. Aqui se inscreve uma questão fundamental: ela estabelece o grande divisor de águas do dualismo geográfico fortemente utilizado para combater a própria proposta. Refere-se às respostas obtidas sobre as impressões dos professores em relação a ela que se vincularam basicamente ao abandono da "Geografia Física".

Colocamos essa questão e não vamos discuti-la a fundo porque exigiria de nós uma análise da proposta à luz dos conceitos e conteúdos da Geografia Física, mas percebemos o quanto ela está arraigada à compreensão dualista dos professores acerca dos domínios da ciência geográfica em razão do resultado que obtivemos para o questionamento. Sob qual domínio geográfico a cartografia se inscrevia, 32% responderam ser da área física e 45% a associaram aos dois domínios, apesar de reconhecerem que não sabem trabalhar com seus conteúdos em nenhuma das áreas (física ou humana).

Objetivamos, com essa questão, não a retomada do dualismo, mas verificar o efetivo domínio conceptual que o professor tem de seu trabalho a partir ou não da proposta, o que se revelou insatisfatório, e o processo de sua implantação não resolveu esse problema. É esse ponto que permite a crítica de Vesentini, para o que Oliveira, como assessor na elaboração da Proposta de Geografia da CENP, já atentava, ao afirmar que uma nova trajetória se colocava para o ensino:

---

16 Tse Tung apud Oliveira, 1984, p.52.

Este caminho dialético pressupõe que o professor se envolva não só com os alunos, mas sobretudo com os *conteúdos a serem ensinados,* ou seja, o professor deve deixar de dar conceitos prontos para os alunos, e sim, juntos, professores e alunos, participarem de um processo de construção de conceitos e de saber.[17]

Mediante essas considerações, indagamos: É possível o professor de Geografia colocar em prática uma proposta sobre a qual ele não reflete, mas reproduz para um processo de seleção? Tem o professor o domínio conceptual do que se inscreve na proposta? Consegue ele mediar essa proposta no seu trabalho com a sala de aula e a realidade de seus alunos?

Partimos de uma questão básica sobre todo esse processo de questionamento: entendemos que a proposta não é a "realidade em si". E foi com essas questões que a proposta se debateu, e foi por meio dela que se propôs a efetiva melhoria do ensino, principalmente do ponto de vista do método que a sustenta. O caminho, parece-nos, já fora indicado pelo próprio Oliveira: a busca de rompimento com a divisão técnica e com os dualismos. No apelo desse autor rumo à práxis (re)incorporarmos o debate e o estudo como necessários a essa (re)criação autônoma do saber.

Colocamos essas questões porque reconhecemos a importância da proposta para o ensino de Geografia e sua contribuição para a transformação do pensamento geográfico no Brasil, e esse processo depende exatamente do reconhecimento de suas proposições. Ao se burocratizarem os conteúdos e conceitos, o conhecimento passa, no entanto, a se constituir normativo, e a prática docente perde em dimensão técnica e muito mais em dimensão política.[18]

---

17 Oliveira, 1987, p.6 (grifo nosso).
18 A crítica de Magnoli & Araujo (1991, p.11-9) chama nossa atenção para algumas questões, sobretudo ao pontuar o risco da oficialização da proposta. No entanto, essa crítica revela uma certa pressa em superar a proposta, por uma estreiteza metodológica. Nesse caso, os autores cometem dois equívocos: primeiro, por não reconhecerem as implicações e dificuldades de discussão de um projeto transformador; segundo, porque perdem de vista a importância e a dimensão histórica que ela encerra para o pensamento geográfico. "Criam muros", interessados no "bem comum" da Geografia (sic). Lacoste (op. cit., 1974, p.235) afirma que a "multiplicação das referências e alusões geográficas no discurso político faz com que o exame e a crítica do discurso dos geógrafos se tornem uma tarefa cada vez mais necessária".

A práxis se burocratiza onde quer que o formalismo ou o formulismo dominam, ou, mais exatamente, quando o formal se converte em seu próprio conteúdo. Na prática burocrática o conteúdo se sacrifica à forma, o real ao ideal, e o concreto ao universal abstrato. E contamos esse fenômeno juntamente na prática estatal quando ele se degrada em prática burocratizada ... Marx, ao criticar a concepção hegeliana da burocracia, deixa entrever o que é uma prática burocratizada e que podemos resumir nessas suas palavras: "...dar o formal como conteúdo, e o conteúdo como formal".[19]

No aspecto cartográfico, por exemplo, os professores que entrevistamos afirmam que, ao deixar de lado a Geografia Física, a proposta deixou de lado também a instrumentalização para a Cartografia. Uma das respostas mais comuns foi a de que não se trabalha com esses conceitos por causa da proposta, como esta afirmação de um professor: "Grande importância se realmente fosse usada. A proposta não tem nada de Cartografia".

É contraditória essa afirmação, porque ao mesmo tempo que o professor afirma a importância dos conhecimentos cartográficos, ele reconhece não trabalhar esses conteúdos. Devemos levar em consideração que, ao reconhecermos determinado conhecimento como fundamento de uma ciência, como são os conhecimentos cartográficos, o professor deveria, não importando o que afirmam os compêndios, reunir esforços para que esses conhecimentos fossem trabalhados com os alunos.

No entendimento do professor, esboçado anteriormente, há um equívoco que só se justifica por seu despreparo e desconhecimento. Não enxergar e reconhecer que há uma dimensão cartográfica na Proposta da CENP, ainda que consideremos suas limitações nessa dimensão, é um reflexo de que o professor, na maioria das vezes, está "praticando" um modelo teórico e não levando à práxis um projeto de ciência.

O próprio texto da proposta inscreve a dimensão cartográfica no processo de ensino da Geografia, além dos próprios conceitos e conteúdos cartográficos, a saber:

---

19 Vasquez, 1997, p.61.

> *A territorialidade implica a localização, a orientação e a representação dos dados socioeconômicos e naturais, que contribuem para a compreensão da totalidade do espaço.* A construção desta base territorial pressupõe a necessidade de conhecimentos desenvolvidos e incorporados ao longo do processo de trabalho, isto é, conhecimentos necessários para a apropriação da natureza. *Localização e orientação e representação são portanto conhecimentos e habilidades integrantes do processo de trabalho.*[20]

Podemos observar, noutra assertiva, como a importância dos conhecimentos cartográficos comparece na Proposta da CENP, ao mencionar alguns princípios que norteiam o processo de construção de conceitos:

> o confronto com essa realidade, a cada instante permite desenvolver cada vez mais a capacidade de apreendê-la, daí o papel da observação no meio, da sua localização e representação – ponto de apoio para a *dimensão geográfica*. Ao mesmo tempo, da observação se passa para aos diversos níveis de abstração.
>
> abstrai-se em diversos níveis de complexidade, ao compreender-se a estrutura da realidade observada, informando-se por esta, isto é, trata-se de uma relação entre o real aparente e o concreto pensado, num movimento constante entre ambos.[21]

Esse último excerto está associado às reflexões de Yves Lacoste, em seu artigo intitulado "A Geografia", especialmente quando refere-se à escala geográfica como uma complexa rede de níveis de análise:

> Convém tomarmos consciência de que a grande variedade das representações cartográficas, no que se refere às escalas utilizadas, é, de fato, significativa das diferenças existentes entre vários tipos de raciocínios geográficos; e de que essas diferenças são em grande parte devidas ao tamanho bastante desigual dos espaços que eles levam em consideração.[22]

---

20 São Paulo (Estado), 1992a, p.19 (grifo nosso).
21 Ibidem, p.22 (grifo nosso).
22 Lacoste, op. cit., 1974, p.252.

Em outras passagens da Proposta da CENP podemos verificar também a utilização do conceito de generalização: "o que implica a formulação de nexos explicativos entre um determinado lugar e outro, uma situação e outra resultando numa compreensão crítica".[23]

Esse conceito de generalização que, na proposta, não assume a característica específica da Cartografia, é fundamental ao exercício mental e pode ser facilmente construído por meio de um domínio conceptual e da análise de documentos cartográficos.

A técnica cartográfica chamada da "generalização" que permite estabelecer um mapa em pequena escala de uma "região", a partir dos mapas de maior escala que a representam de modo mais preciso, cada um para espaços menos vastos, leva-nos a crer que a operação consiste apenas em abandonar um grande número de detalhes para representar extensões mais vastas. É efetivamente o que se passa quando esses mapas não têm por função senão representar, sobre superfícies mais ou menos vastas, fatos de mesma natureza. Contudo, como certos fenômenos só podem ser apreendidos quando consideramos vastas extensões, enquanto outros, de natureza completamente diferente, não podem ser apreendidos senão por observações muito precisas que visam superfícies bastante reduzidas, o resultado é que a operação intelectual, que consiste em mudar de escala, transforma, por vezes de modo radical, a problemática que podemos estabelecer e os raciocínios que podemos formar. *A mudança de escala corresponde a uma mudança do nível de análise e deveria corresponder a mudança no nível da conceptualização.*[24]

A mudança e a própria formação de conceitos são colocadas como princípios da proposta da CENP, que, no conjunto, buscam

---

23 São Paulo (Estado), op. cit., 1992, p.22.
24 Cf. Lacoste, 1974, p.253. O próprio conceito de generalização dentro da cartografia vem ganhando outros matizes. O cartógrafo russo Salichtchev (1988, p.18), por exemplo, elabora uma crítica a J. Neumann, quando este "propôs que consideremos a generalização cartográfica como apenas uma redução da quantidade de informação com a diminuição da escala do mapa, com a finalidade de preservar sua possibilidade de leitura... Neumann, afirma o autor, leva-nos de volta a noções obsoletas de mais de meio século atrás" (grifo nosso).

a formação mais abrangente do aluno, e para isso é necessário desenvolver as mais variadas formas de expressão desse conhecimento e conceito construído.

> É importante desenvolver as formas de expressão que traduzem essa compreensão crítica. É nesse sentido que se colocam tanto a expressão oral, como *a representação gráfica,* pictórica, painéis, cartazes, dramatizações etc.[25]

Reconhecemos também que as leituras que o professor fez da proposta têm como nascedouro, em muitas das vezes, a própria universidade, e sobretudo as formas em que se colocou e coloca o debate. Essas considerações se justificam tendo em vista que o debate aparente da proposta (físico-humano) – aparente porque, em essência, o que temos é uma busca de hegemonia calcada sobre um "método" – ganhou as páginas da imprensa paulista e a crítica estabelecida pelos professores e geógrafos da própria universidade deram-se por meio desse referencial aparente. É preciso, portanto, perceber que estamos saindo da fase em que o debate perde a "manchete", mas não a paixão, buscando, contudo, tomar uma outra orientação, como afirma Saviani (1991). Parafraseando-o: "Deixemos a fase clássica".

A fase clássica pode ser observada quando se estabelece na Geografia um momento de embate teórico-metodológico e prático realizado em três frentes: entre a *New Geography* e a "Geografia Tradicional" de um lado, entre a "Geografia Crítica" e a "Geografia Tradicional", de outro, e ainda, e cada vez mais intensamente entre a *New Geography* e a "Geografia Crítica".

O que percebemos é que este último debate ainda se coloca com certa ênfase. O que o distanciou da escola, no entanto, foi a intensa busca de hegemonia da Geografia Crítica, que avançou sobre os professores numa ansiedade tal que fundou mecanismos para "introduzir" a proposta na rede estadual paulista. Essa ansiedade foi responsável pelas leituras equivocadas, por esse

---

[25] São Paulo (Estado), 1992, p.24 (grifo nosso).

atropelo, pela falta de tempo para amadurecimento e estudo desses profissionais. A Proposta da CENP não apresenta apenas um novo método e conteúdo para a escola, mas requer um outro perfil docente.

Ao exigir esse novo perfil, recoloca a questão da formação e as divergências existentes entre as bases tradicionais e tecnicistas que respondem, em grande parte, pela formação desses professores. Nesse sentido, houve uma tentativa de realizar uma colagem de bases teórico-metodológicas completamente contrárias à formação obtida pelos professores ainda na universidade.

> Na prática, hoje não há condições de se afirmar que há hegemonia desta ou daquela corrente. O que pode estar havendo é, em primeiro lugar, a aparência de uma grande confusão entre a maioria dos professores de Geografia que se vê, de repente, envolta por uma discussão da qual não tem participado; na verdade, registra-se a essência desse embate que parece ampliar-se, ganhando a maioria dos professores de Geografia. É pois na ampliação deste debate que nascerá a hegemonia de uma ou outra corrente.[26]

A busca pela hegemonia, e o texto de Oliveira é claro nesse aspecto, fez que, nesses dez últimos anos, se mudasse, efetivamente, apenas a própria questão "hegemônica" (?). O discurso daquilo que frequentemente chamamos de Geografia Crítica "ganhou" a maioria dos professores, livros didáticos e até mesmo os PCN, e o que talvez não tenha mudado é a grande confusão dos professores, envoltos por uma discussão da qual não têm participado, não porque não queiram, mas porque efetivamente não há preocupações políticas para que se criem condições materiais que privilegiem a participação desse sujeito social, apesar do discurso "cidadão".

Temos procurado atentar para o fato de que a consolidação dessa hegemonia não deveria se colocar como uma camisa de força para o professor – para a qual acenou a *prática* da Proposta da CENP, e também os PCN.

---

26 Oliveira, 1984, p.29.

GEOGRAFIA E CONHECIMENTOS CARTOGRÁFICOS

O exercício teórico da proposta, mesmo na ampliação do debate, não possibilitou ao professor uma crítica profunda de suas proposições. Talvez tenha ficado apenas a "aparência de uma grande confusão", e por ausência de norte (ou sul) esse profissional acabou abraçando o que lhe colocaram à frente, ou seja, a proposta. Talvez ... sem o devido exercício teórico ... como no caso dos PCN.

> o exercício tem sentido e é necessário quando se submete o conhecimento a uma crítica fecunda... Só o compromisso com a transformação da sociedade pode revolucionar o conhecimento.[27]

Parece-nos ser essa mais uma, das tantas já mencionadas, implicações de um saber que se propõe transformador. É preciso colocar esse saber na dimensão de uma prática também transformadora, implicando o que Schmied-Kowarzik chama de obter um saber que apreenda a prática:

> É claro que um saber, que sequer consegue apreender a prática como fundamento do seu conhecimento, não só não tem interesse algum como também nenhuma possibilidade de interagir com a prática. Certamente todo saber, e portanto também aquele do conhecimento, pode de alguma maneira ser útil à prática... *A relação dialética entre teoria e prática reside justamente em decisões e posicionamentos pedagógicos.*[28]

Esse processo exige que os professores tornem-se efetivos (re)construtores de propostas para que possam apreender o conhecimento como fundamento de sua prática. É por essas questões que nos preocupamos com o domínio conceptual cartográfico dos professores de Geografia, pois esses discursos revelam as dimensões políticas de suas leituras "cartográficas" e as colocam como elementos necessários à criação de um saber que interaja com a prática docente e que contribua em sua reelaboração.

A trajetória que teve o tratamento dos instrumentos cartográficos, particularmente o mapa, no ensino de Geografia revela a necessidade de elaboração de novas e/ou renovadas práticas e saberes.

---

27 Martins apud Oliveira, 1984, p.29-30.
28 Schmied-Kowarzik, 1983, p.11 (grifo nosso).

UMA REPRESENTAÇÃO SOBRE A CARTOGRAFIA

> Tudo isso é legível sobre a carta,
> mas como não é visível, ninguém vê.
> *(Jacques Bertin)*

Nos capítulos anteriores, avançamos na formulação de um conceito sobre Cartografia, o que significa dizer que buscamos romper com uma possível vinculação, estreita por sinal, dessa ciência aos modelos tecnicistas, além de pontuar que a discussão da formação docente a partir do domínio conceptual cartográfico não significa realizá-la apenas por meio de uma dimensão técnica.

Assim, ao propormos esse debate sobre a importância dos conhecimentos cartográficos no ensino de Geografia, queremos resgatar a importância da formação cartográfica para esse profissional e os desvios que se têm estabelecido, e como essas concepções podem ter marcado a Cartografia *(traços)* e, por sua vez, influenciado a leitura dos professores das efetivas contribuições desse conhecimento, ou dessa "disciplina" no ensino de conteúdos geográficos diante do processo de renovação da Geografia brasileira.

Muitas das leituras feitas sobre a Cartografia, sobretudo nos últimos anos, com o intenso debate sobre a trilogia geográfica (O quê? Por quê? Para quem?), associaram-na com o poder estatal e colocaram-na, de certa forma, como uma *representação* de um modelo de Geografia que se praticou. Essa visão produziu um completo abandono e, por que não dizer, auxiliou na germinação de um certo preconceito em relação às disciplinas que se considerava possuírem um cunho técnico.

Pensar em Cartografia, dedicar-lhe importância junto à ciência geográfica comprometia uma certa "conduta" de pesquisador--docente, numa determinada perspectiva, ou seja, como se a posição "política", "teórico-metodológica" ou, melhor dizendo, o *status quo* pudesse ser abalado e não mais identificado como "marxista", de esquerda, e, portanto, libertário e democrático. Passou-se a acreditar em, ou a se criar, uma "cultura" de que para "ter e exercer" efetivamente essas posições e posturas pudéssemos prescindir, sobretudo em Geografia, de conhecimentos técnicos e cartográficos.

Esse entendimento se propagou, como algo sub-reptício, e mesmo as citações, apresentadas a seguir, não permitem afirmar, categoricamente, que os autores tinham de fato a intenção de dar tal tratamento à Cartografia; o que afirmamos é que foram importantes para criar essa espécie de "consciência coletiva".

Vlach, em seu artigo "Da ideologia no ensino de Geografia de 1° e 2° graus", apresenta algumas argumentações que justificam nossa afirmativa:

> A "vaga" no programa escolar, para a *disciplina da descrição da terra* ["Geografia", etimologicamente, descrição da terra], portanto *vinculou-se à razão enquanto instrumento de dominação da burguesia (industrial).*
> ... sem (nenhuma) importância, baseado na exigência da memorização de informações e dados, obtidos em trabalhos de campo, desde os mais simples (realizados no âmbito da escola), até os mais sofisticados (*patrocinados direta ou indiretamente pelo Estado*), que *se encarregavam do levantamento dos diferentes lugares e de sua (meticulosa) cartografia.*[29]

> o lugar, o conteúdo *a priori* (e de fora) determinado, que deveria ser *descrito e representado cartograficamente pelo professor, passou a ser objeto estudo da Geografia* (território, país, terra, espaço são outros termos que aparecem com muita frequência como sinônimos).[30]

> Ao impor o seu poder espiritual, *os intelectuais orgânicos* da burguesia encontraram no conhecimento geográfico um importante aliado, pois tradicionalmente esta vinha descrevendo a terra, sua população e suas atividades econômicas. A(s) descrição(ões) permitiu(ram) a acumulação de dados e informações, geralmente cartografados, tendo-se chegado a confundir geógrafo com cartógrafo durante muito tempo.[31]

Ao argumentar sobre o território, o facilmente cartografável, a autora comenta que:

---

29 Vlach, 1992, p.30-1 (grifo nosso).
30 Ibidem, p.30 (grifo nosso).
31 Vlach, 1990, p.58 (grifo nosso).

Coube-lhe um (determinado) lugar na estruturação do saber (pedagógico e, portanto, hegemônico) na medida em que, *tendo privilegiado as chamadas bases físicas de um espaço nacional precisamente delimitado, sob a ótica do determinismo (ou possibilismo), isto permitiu que a burguesia fizesse do território (da terra natal) o sujeito da história.*[32]

A produção da Geografia Nova encerrava, portanto, algumas características que se identificavam com o cartográfico, tais como:

a) domínio da descrição em que a ausência de processos da história marca essa descrição;
b) uma consideração do espaço por meio de sua representação, em que o espaço é visto como um conjunto finito de pontos caracterizados por um conjunto finito de atributos, servindo desse modo para análises matriciais e confundindo o objeto com sua representação matemática;
c) o conceito de espaço relativo, estruturado por custo de transferência, em que a distância-tempo, ou distância-custo, passa a ser a variável mais significativa, considerando o espaço como mero palco, inerte, onde se desenrola a ação humana.

São, portanto, características de uma ciência que sempre esteve a serviço de projetos ideológicos de dominação, articulada com o Estado, e que junto a ele teve suporte para a produção científica. Vesentini menciona que

a construção da Geografia moderna dependeu em especial de duas determinações essenciais: O *"Estado-nação" – que sob a forma de país, com ênfase no seu território e desenho cartográfico, foi "naturalizado"* – e o "sistema escolar" – *locus* por excelência das práticas geográficas e grande mercado de trabalho para os geógrafos.[33]

As citações acima explicitadas permitem-nos perceber que os conhecimentos cartográficos foram e ainda são, de certa forma, vinculados a uma determinada concepção Geografia, e que, no momento do debate, no calor de derrubar os pressupostos

---

32 Ibidem.
33 Vesentini, 1992, p.51 (grifo nosso).

teórico-metodológicos espelhados pelo que comumente se denomina Geografia Tradicional, ou mesmo Teórico Quantitativa[34] (*New Geography*), e de se fundar uma "Geografia Nova", com base materialista, ou crítica, esses conhecimentos acabaram sendo vinculados ao que era "velho", ou ao que não era "revolucionário", e, portanto, passíveis de serem marginalizados.

O texto de Lacoste, "A Geografia", refere-se à existência de várias Geografias que

> persistem, discreta e relativamente eficazes, orientadas pelos objetivos daqueles que exercem o poder, que estão estreitamente ligadas a uma prática militar, política e econômica.[35]

O que afirmamos, a partir do entendimento da possibilidade de existência de outras leituras geográficas, é que qualquer "Geografia" que queira romper com um modelo tradicional ou técnico não pode prescindir do conjunto de conhecimentos produzidos sob o apanágio daquilo que se concebe como ciência geográfica. Os conhecimentos cartográficos (geocartografia) fazem parte desse conjunto e, assim, uma leitura apressada os associa não só a uma prática científica (método descritivo) em Geografia, mas também a um projeto ideológico do Estado.

Esses conhecimentos assumem, assim, para o professor, não apenas os problemas de ordem ideológica, mas também de ordem prática: o domínio e o ensino de seus conhecimentos.

Bertin & Gimeno esclarecem a forma como se enxerga a Cartografia e destacam sua importância no trabalho docente:

> Se a Cartografia sempre foi considerada por muitos um tabu, o foi por hábitos mal adquiridos durante todo o período de escolarização (da escola primária à Universidade), que pelo caráter "técnico" desta ciência ... descobrir as diferentes utilidades do mapa e fazer da aula de Cartografia, ligada a muitos outros domínios, se trata não somente de uma atividade pedagógica, mas também de uma aula alegre.[36]

---

34 Sobre a evolução do pensamento geográfico, ver: Moraes, 1984; Moreira, 1992, e Quaini, 1979.
35 Lacoste, 1974, p.266.
36 Bertin & Gimeno, 1982, p.40.

Assim, sobre os conhecimentos cartográficos não caiu apenas o desprezo ao domínio técnico, mas principalmente o preconceito, porque era "tão notório" que eles representavam a dominação ao tratarem de uma linguagem cujo domínio técnico associava-se às propostas pedagógicas do tecnicismo behaviorista.

No debate sobre seu papel de representação da dominação capitalista, enxergava-se que a mais utilizada projeção em todo o mundo era a Transversa de Mercator, que apresenta nas altas latitudes uma "deformação", principalmente no hemisfério setentrional, por causa de sua expressiva grandeza de superfície continental e, portanto, uma "imposição" de "grandeza" territorial, "ideológica", "política" e "econômica". Uma imposição norte-americana, europeia e, em algum momento, até mesmo russa, sobre os países meridionais. Além da representação setentrional estar colocada na "parte de cima" do mapa (planisfério),[37] associava-se o fato de que, para o (novo) debate geográfico, o que se colocava como importante era a retórica marxizada e o domínio do contexto, pelo menos no discurso social, político e econômico do país e do mundo. A compreensão de muitos foi de que, nessas dimensões de análise, a Cartografia não garantia ou contribuía para o entendimento da realidade.

A importância pedagógica, a partir desses entendimentos da Cartografia no ensino de Geografia, deixa de ser explicitada. Deixa-se de refletir, perceber e explicitar que seus domínios conceptuais e habilidades colocam-se como importantes ao desenvolvimento dos alunos. Por isso, levantamos outros questionamentos: os conceitos cartográficos são domínios exigidos no mercado de trabalho e nos vestibulares? Pode um operário discutir política salarial "impedido" de realizar a leitura de um gráfico, ou cartograma, que apresenta os salários pagos pela empresa, ou por outras, em vários locais do país ou do mundo?

Entendemos que o trabalho de conscientização sindical e a visão histórico-política da sociedade são fundamentais, mas pre-

---

37 O que evidencia essa questão é que, no calor do debate, a Associação dos Geógrafos Brasileiros (AGB) produz um planisfério com a projeção equivalente de Peters, "invertendo" as posições dos hemisférios norte e sul. Tratava-se do "contradiscurso cartográfico" da Geografia Crítica (Nova).

cisamos perceber que a instrumentalização do cidadão pela escola elementar, como diz Gramsci,[38] é necessária ao "avanço", à "transformação" social. O domínio dos conhecimentos geocartográficos se coloca nesse processo de instrumentalização.

Se nos esforçamos para apontar sua importância no ensino de Geografia em todos os níveis, é também porque compreendemos que eles têm uma relação direta com o movimento de renovação dessa ciência e esse distanciamento do debate, com certeza, implicou também as dificuldades de se fazer avançar o ensino da ciência geográfica. É o que buscamos observar inclusive no que o relator Newton Sucupira apresenta em seu parecer n. 412/62, aprovado em 19 de dezembro de 1962, que versa sobre a Geografia Habilitação Única: Licenciatura. Após elencar um conjunto de disciplinas que compõem o currículo mínimo do curso de Geografia, faz o seguinte comentário a respeito da Cartografia:

> Ao lado destas matérias incluímos a Cartografia, por *todos considerada como indispensável* pois não se poderia compreender um professor de Geografia que não soubesse fazer um croquis, nem ler ou interpretar cartas e diagramas.
> A Comissão de Professores de Geografia organizada pela Diretoria do Ensino Superior para a elaboração de um projeto de currículo mínimo preferiu designar esta matéria Práticas de Cartografia. Com este nome quis a Comissão acentuar, assim me parece, que não trata do estudo teórico da Cartografia como especialidade em si mesma, mas seu estudo prático na qualidade de *instrumento necessário para a boa formação do professor de Geografia,* nos cursos médios.[39]

Essa nossa preocupação com o ensino dos conhecimentos cartográficos nos cursos de Geografia também foi pontuada por Alegre, que ao discutir a necessária inclusão da cartografia no currículo também esclarece que a questão da formação nessa área não é um problema recente da Geografia:

> Certamente que não foi o fato de, por tradição, figurar ela (a cartografia) nos currículos de Geografia antes da promulgação desta lei,

---

38 Gramsci, 1982, passim.
39 Conselho Federal de Educação, 1981, p.400-2 (grifo nosso).

porque certos cursos não a possuíam. Por outro lado, se alguns cursos de Geografia contavam com a cartografia e outros não, pode se pensar que nem todos os responsáveis pela ciência geográfica no país a consideravam indispensável à formação do Geógrafo ou do Professor de Geografia. É possível também que na falta de especialistas para seu ensino se explique sua ausência daqueles cursos.[40]

O geógrafo francês Yves Lacoste faz referência à investida que o *mass media* tem feito em relação à Geografia e à Cartografia.

> O recurso cada vez mais frequente do vocabulário e do raciocínio geográficos no discurso das ciências sociais deve ser relacionado, de um lado, com a difusão do *mass media*, de uma gama incessantemente mais numerosa de informações, de imagens, de clichês, de noções de argumentação, que são de fato Geografia.
> Nunca se compraram tantos cartões-postais, nem se tiraram tantas fotografias de paisagens quanto nessas férias em que, com mapas e guias na mão, percorre-se a Bretanha, a Espanha...
> A Geografia dos professores sofre, de fato, a concorrência do *mass media*; contudo, se os alunos recusam cada vez mais frequentemente a primeira, não é porque eles se comportam como espectadores cansados diante do "já visto", mas, pelo contrário, porque o discurso geográfico tradicional elimina aquilo que lhes interessa apaixonadamente, isto é, tudo o que faz da Geografia atualmente uma das formas de representação preferencial dos grandes problemas políticos do nosso tempo.[41]

Nesse resgate conceptual dos conhecimentos cartográficos, inclusive na dimensão da competência técnica, não se inscreve como objetivo retomar ou refazer uso de um discurso tecnológico (ou tecnocrata), que sustentou uma das correntes do pensamento geográfico (*New Geography*), como aponta Oliveira,[42] que

> a utilização de um instrumental metodológico tecnicista que revolucionou os métodos empiristas e experimentais de outrora, envolvendo de forma cega aqueles que os operam e que na maioria dos casos no Brasil, mais ficaram "empolgados" com a "máquina do século", o computador, do que com o conhecimento produzido.

---
40 Alegre, 1969, p.66.
41 Lacoste, 1974, p.230-4.
42 Oliveira, 1984, p.30.

Ou sobre um impressionismo pelo computador, como cita Ginzburg:

> O chiste de E. P. Thompson sobre "o grosseiro e insistente impressionismo do computador que repete *ad nauseum* um único elemento, passando por cima de todos os dados documentais para os quais não foi programado", é literalmente verdadeiro, já que o computador, como é óbvio, não pensa, executa ordens.[43]

O cartógrafo russo Salichtchev faz também essa crítica a Morrison, ao afirmar que este "visualiza" a imparcialidade ou a "desideologização" da cartografia inclusive pelo uso do computador.

As concepções de J. L. Morrison citadas pelo cartógrafo russo são basicamente de que a Cartografia é a ciência da transmissão gráfica e que pode apresentar um desenvolvimento independente das outras ciências, e que os mapas são os meios dessa transmissão. Para Salichtchev, essa concepção

> de Cartografia limita seu papel a uma função puramente técnica e de serviço, e consequentemente dilui grandemente os objetivos e tarefas da ciência cartográfica, reduzindo-a ao nível de uma técnica pura e simples, indiferente do valor intrínseco da informação cartográfica.
> É natural que uma interpretação técnica restrita da Cartografia vincule uma abordagem simplificada a outras concepções definitivas de ciência.[44]

Para nós, essa questão está superada. Reconhecemos, ao contrário das leituras de Morrison, que o computador ou a infografia, se os colocarmos em um plano mais abrangente, apresentam limitações e mais que a empolgação ou o deslumbramento ante

---

[43] Ginzburg, 1987, p.28. Não estamos desconsiderando a importância e o desenvolvimento tecnológico produzido nas ciências de maneira geral, pois poderíamos associar, também de maneira imediatista, a cartografia e a computação, e de forma maniqueísta também condenar a primeira, por valer-se cada vez mais da segunda como importante recurso tecnológico, mas é fundamental resgatar o papel da análise e da reflexão sobre as informações pela "ordem" em que são demonstradas.

[44] Salichtchev, 1988, p.18-9.

a máquina: está recolocado um modelo científico com base filosófica positivista que objetiva reforçar o discurso da neutralidade científica.

A Cartografia, como instrumental geográfico, não estabelece *a priori o* caráter ideológico de sua produção, somente a partir de uma apurada análise é que se identificam esses elementos. Talvez o grande problema seja ajudar a construir a formação dos professores para realizá-la.

6 ENSINO DE GEOGRAFIA X MAPAS – USO NECESSÁRIO?

> O que esse seu poeta inglês queria dizer é que para o tal homem essa flor amarela era uma experiência vulgar, ou coisa conhecida. Ora isso é que não está bem. Toda a coisa que vemos, devemos vê-la sempre pela primeira vez, porque realmente é a primeira vez que a vemos. E então cada flor amarela é uma nova flor amarela, ainda que seja o que se chama a mesma de ontem. A gente não é já o mesmo nem a flor a mesma. O próprio amarelo não pode já ser o mesmo. É pena a gente não ter exatamente os olhos para saber isso, porque então éramos todos felizes.
> (*Alberto Caeiro* em diálogo com *Álvaro de Campos*)

Após termos discorrido sobre o papel da escola, do ensino de Geografia e seus embates metodológicos, seu "ser" e "vir a ser", neste capítulo pretendemos:
- explicitar qual será nosso conceito de mapa;
- refletir sobre sua função no ensino de Geografia;
- pensar sobre a necessidade de seu uso no ensino de Geografia;
- compor um "retrato" ou um esboço sobre como ocorre a apropriação do mapa, pelos alunos e professores, como meio de comunicação.

Entendemos que a sistematização dessas questões pode nos apresentar bases profícuas para pensar a questão da necessidade e do uso dos mapas no ensino de Geografia, reconciliando-os.

MAPAS: CONCEITOS E FUNÇÕES PARA O ENSINO DE GEOGRAFIA

Antes de prosseguirmos com nossas reflexões, é preciso conceituar o que estamos entendendo por mapa, pois, dependendo da concepção que adotarmos, algumas representações espaciais não poderão ser consideradas como mapas, em função de critérios técnicos, como escala. Tendo em vista que o objetivo da presente reflexão é também, *grosso modo*, explicitar o principal uso que se faz do mapa, acreditamos que não será necessário, como em outros estudos, diferenciarmos cartas de mapas.

Os objetivos da reflexão nos permitem chamar quase todas as representações cartográficas utilizadas no ensino de Geografia de mapas, exceção feita àquelas que representam graficamente espaços mais próximos do real. Em razão disso, necessitamos de um conceito elástico, maleável, de mapa que enfatize uma maior preocupação com os usuários, focos de nossa reflexão (professores e alunos).

Joly conceitua mapa da seguinte forma:

> Um mapa é uma representação geométrica plana, simplificada e convencional, do todo ou de parte da superfície terrestre, numa relação de similitude conveniente denominada escala.[1]

Verifica-se, por essa conceituação, que, para o autor, se uma representação de toda ou de parte da superfície terrestre for plana, for uma imagem simplificada do real, tiver uma determinada convenção e guardar uma certa proporcionalidade com o objeto representado (escala), podemos considerar esse mesmo material como um mapa.

---

1 Joly, 1990, p.7.

Nota-se que o conceito desse autor não se detém na questão da escala, pois muitos tendem a distinguir mapa de carta pela diferença de suas escalas: a escala do primeiro seria menor que a da segunda, que por sua vez teria uma escala geralmente maior.

Um outro ponto importante a se notar e que não está explicitado na concepção transcrita é a não preocupação com o leitor ou usuário do mapa; isso ocorre geralmente porque as concepções mais técnicas sobre esse recurso entendem que as informações e os conhecimentos transmitidos por determinado meio de comunicação transitam de forma inalterada do transmissor para o receptor da informação (concepção mecânica de leitura). Portanto, o problema da leitura de mapas se reduziria, assim, a questões técnicas ligadas à forma como os elementos são representados nesse meio de comunicação, ou a falhas na comunicação por parte do transmissor ou pelo receptor da mensagem.

Petchenik cita uma concepção de mapa explicitada por um artista canadense, Joe Bodolai, que é a seguinte:

> *Um mapa pode ainda ser definido como sendo um contrato que é um documento de concordância a respeito da natureza e da distribuição dos fenômenos no espaço. O mapeamento é um esforço não para eliminar um ponto de vista, mas para socializá-lo, e até mesmo convencioná-lo... Quando um mapa é usado, o reverso do processo de confecção do mapa se realiza. A razão informa à percepção e torna o campo da visão significativo.*[2]

Verifica-se, por parte do artista citado por Petchenik, que há uma ênfase maior em relação à questão da comunicação. O autor, considerando o mapa um contrato entre o mapeador *(map maker)* e o usuário *(map user)*, cita os fatores que agem no processo de comunicação cartográfica tanto em relação ao produtor de mapas quanto em relação ao usuário. Nessa visão, o segundo também é um sujeito ativo, pois é ele quem realiza o processo reverso da confecção do mapa.

A obtenção de um "efeito máximo" de um produto cartográfico, considerando a questão da produção e do consumo de mapa, é uma preocupação de cartógrafos como Kolacny, que afirma o seguinte:

---

2 Petchenik, 1995, p.14 (grifo nosso).

Na prática, os dois processos parciais – a produção do mapa e a sua utilização – acontecem separadamente, e é também por isso que eles têm sido investigados e resolvidos separadamente, até agora.

No entanto, o trabalho que realizei no Instituto de Pesquisa em Geodésia e Cartografia de Praga durante o período de 1959 a 1968, parece justificar a conclusão de que o produto cartográfico não pode atingir seu efeito máximo se o cartógrafo considerar a produção e o consumo de mapa como dois processos independentes. Esse efeito máximo só pode ser obtido se a criação e utilização dos trabalhos de cartografia forem considerados como dois componentes de um processo coerente (e, em certo sentido, indivisível) no qual a informação cartográfica se origina, é comunicada e produz um efeito. É a informação cartográfica que constitui um conceito novo, ligando a criação e utilização do mapa num único processo.[3]

Foi esse ponto de vista, valorizando ambas as dimensões do mapa (sua criação e sua utilização), que contribuiu em grande parte para que os cartógrafos e alguns geógrafos[4] voltassem mais a atenção para o usuário desse meio de comunicação, que anteriormente era, regra geral, ignorado.

Não nos alongaremos na discussão sobre a questão da informação cartográfica, visto que esse não é o objetivo da presente reflexão; somente citamos Kolacny como referência para demonstrar que nem sempre os processos de confecção e leitura de mapas foram considerados uma totalidade no que se refere a investigações sobre o efeito máximo que a utilização do mapa pode alcançar. Além disso, nem sempre o usuário foi tão lembrado, isso ocorre por causa do desenvolvimento de pesquisas na área de cartografia cognitiva já apontadas anteriormente, que têm uma preocupação maior com o leitor de mapas, pois há uma ênfase na preocupação com a confecção e o uso das informações cartográficas.

É preciso ressaltar, no entanto, que por causa dessa preocupação com informações cartográficas houve uma supervalorização do

---

3 Kolacny, 1994, p.4-5.
4 Entre eles, ver o trabalho de Simielli, 1986. Nesse trabalho, a pesquisadora, após a elaboração de mapas, que seguiram critérios definidos pelas características do usuário (alunos do então 1º grau), avaliou a eficácia desse meio de comunicação junto à clientela citada.

alfabeto cartográfico e a defesa de ideias que afirmavam que, se o leitor se apropriasse desse alfabeto cartográfico, seria um bom leitor de mapas.[5]

Quanto à questão da função do mapa, não podemos discuti-la sem antes determinar quem serão seus usuários. Segundo Koeman: "os mapas têm funções específicas para grupos específicos de usuários".[6]

Pode-se depreender, dessa observação, que o mapa, para um geógrafo, motorista, guia de turismo, agente publicitário, administrador, advogado, cartógrafo, economista, professor de Geografia, vai ter funções específicas, dependendo do tipo de informação que o profissional está procurando, analisando ou visando explicitar. No caso de nossa reflexão, os usuários são alunos e professores do ensino fundamental e médio. Por isso, o interesse que eles têm, ou deveriam ter, em relação ao mapa é o de utilizá-lo para estabelecer raciocínios geográficos, visando ao entendimento da territorialidade produzida pelas sociedades. É preciso lembrar, no entanto, que para que isso ocorra faz-se necessária a aprendizagem de noções, habilidades e conceitos importantes para que a leitura do mapa seja profícua e sua utilização ultrapasse, assim, a mera reprodução dos contornos dos mapas políticos, como temos visto ocorrer inúmeras vezes. Além disso, é preciso também que esses sujeitos sociais tenham acesso a diferentes mapas, expressando diversas territorialidades, para que se possa, por raciocínios geográficos, entendê-los.

É importante que se tenha claro também que o que estamos denominando "uso do mapa" não é o que Keates transcreveu em seu trabalho:

> Uma operação de uso de um mapa, no sentido da atividade de uma pessoa com o mapa, não surge simplesmente como uma conseqüência do ato de confecção de um mapa. *O uso do mapa começa quando a pessoa se torna consciente de algum problema que requer*

---

5 Mais adiante, trataremos esse assunto com maior ênfase.
6 Koeman, 1995, p.5.

informações para a sua solução, e percebe que esta informação pode ser melhor obtida através de um mapa. Isto pode ser muito óbvio para um usuário de mapas experiente, mas em muitos casos isto não ocorre de forma alguma automaticamente. Há milhares de motoristas, por exemplo, que descobrem o caminho a seguir através de placas ou perguntando a pedestres, aparentemente sem estar a par (ou então sendo indiferentes) quanto ao valor de mapas para tais propósitos.[7]

Se considerássemos a primeira abordagem de uso do mapa, expressada por Keates, poderíamos afirmar, já de antemão, que são raros os alunos que usam esse meio de comunicação. Como nossa intenção é também a de refletir sobre o uso que professores e alunos fazem do mapa, consideramos todas as ações que envolvem sua utilização na escola como sendo um certo tipo de uso. É claro que os alunos, na maioria das vezes, não têm consciência das possibilidades de uso do mapa. Geralmente, quando necessitam deslocar-se em locais que não conhecem, agem como os motoristas descritos. Apesar disso, a escola lhes impõe, por meio da prática pedagógica do professor, um determinado uso, e é com ele que trabalhamos na presente reflexão.

Mesmo que os alunos não tenham consciência de que a informação da qual necessitam seria mais facilmente obtida com o uso de mapas, isso não quer dizer que não o utilizem; apenas não o reconhecem como instrumento, pois sua utilidade não se faz presente em atividades cotidianas realizadas por eles. O mapa, no entanto, é utilizado nas aulas de Geografia[8] – ou pelo menos na maioria das aulas – e isso significa, bem ou mal, um determinado uso, que irá se refletir numa aprendizagem geográfica determinada.

Para Santos & Le Sann, os mapas têm as seguintes funções:

> Os mapas têm duas funções distintas e não excludentes. A primeira é a de localizar os fatos; a segunda a de apresentar informações quantitativas, ordenadas ou qualitativas. Desse modo, *os documentos podem desencadear raciocínios sugerindo e respondendo questões.*[9]

---

7 Keates apud Simielli, 1986, p.140 (grifo nosso).
8 Nossa consideração está baseada nos dados de nossas pesquisas, quando constatamos que 77% dos professores afirmaram usar mapas em sala de aula.
9 Santos & Le Sann 1985, p.5 (grifo nosso).

É importante salientar que as autoras citaram adequadamente as funções do mapa, pois a principal finalidade desse instrumento no ensino de Geografia não é dar aulas de Cartografia, de mapas, mas desencadear raciocínios para o entendimento do espaço geográfico ou para o entendimento da forma de organização territorial de diferentes sociedades.

Isso deve ficar bem claro para os professores de Geografia, pois eles correm o grande risco de valorizar esse meio de comunicação, ou seja, correm o risco de cair no oposto extremo de valorizar somente o instrumento, o recurso, em detrimento da compreensão, do raciocínio, do pensamento e, "*last but not least*", da ação. Essa atitude pode levar o professor a dar aulas não mais de Geografia, mas de Cartografia, ou de mapas. Por isso, é importante que se tenha claro que o mapa pode nos auxiliar nas aulas de Geografia, quais são suas possibilidades de uso e seus limites.

O mapa, segundo Santos & Le Sann,[10] responde às seguintes questões:

• *O quê?* e *Onde?*: isso ocorre quando os mapas se limitam somente a localizar os objetos de estudo que podem se tornar geográficos. Por exemplo: no mapa físico da América do Sul, podemos localizar as redes hidrográficas mais importantes dessa área (*o quê*: hidrografia; *onde*: América do Sul), verificar sua altimetria (*o quê*: altitude; *onde*: América do Sul);

• se analisarmos fatos apresentados nos mapas, poderemos ser provocados a fazer a seguinte questão: *por quê?* Poderemos fazer um outro questionamento e tentar, por meio de subsídios teóricos, respondê-lo, como: Qual foi a lógica da estruturação da rede de circulação de transportes brasileira (rodovias, ferrovias, hidrovias), ou *por que* ela se apresenta tal qual nós verificamos no mapa de circulação do Brasil? Ou de outra forma: de acordo com o mapa que mostra as redes de circulação de transportes brasileira, *por que* ela apresenta essa estruturação? É importante observar que a resposta à essa questão, muitas vezes, vai depender não somente das informações contidas no mapa, mas também das informações e

---

10 Santos & Le Sann, 1985, passim.

dos conhecimentos do leitor. Em outras palavras, o mapa oferecerá maior possibilidade de explicações, ou explicitará maior quantidade de informações de uma dada realidade, que poderão servir de subsídio para entendimento de determinadas territorialidades, dependendo do leitor do mapa, de seus conhecimentos previamente elaborados. Em síntese, a leitura de mapas depende diretamente da qualidade do leitor;

• os mapas temáticos, além de localizarem fatos, apresentam informações de ordem quantitativa (*Quanto?*), ordenada ou qualitativa (*Onde?, Quando?, Por quê?*). Por exemplo: num mapa temático de população do Estado de São Paulo, podemos verificar, em sua maior parte, *quantos* habitantes por km² existem aproximadamente. Num mapa temático sobre o Produto Nacional Bruto (PNB) da Europa Ocidental, poderíamos fazer as seguintes questões como também responder a elas: *Onde* (em que países) se situam os maiores PNBs? *Quando* essas informações foram cartografadas ou *quando* a distribuição do PNB na Europa Ocidental apresentava essa territorialidade? Um outro exemplo: Observando, num mapa temático do Oriente Médio, os locais de exploração de petróleo, sua distribuição por gasodutos, oleodutos, circulação do petróleo na região e produção petrolífera por país, o Estreito de Ormuz é ou pode ser considerado como um local estratégico? *Por quê?*

É importante atentar para o fato de que as explicações das territorialidades dos fenômenos (o "porquê") às vezes não poderão ser obtidas apenas por meio da observação e leitura do conjunto de redes e localizações, ou seja, em razão das informações cartografadas no mapa e lidas pelo usuário, como já dissemos; por isso prescindimos de outras informações e conhecimentos (históricos, econômicos, culturais, sociais etc.) para podermos dar conta da questão: *Por quê?*

É por isso que apenas a alfabetização cartográfica, concebida como "aprendizagem do alfabeto cartográfico", não propicia que alunos e professores leiam mapas. Para que tal fato ocorra é preciso que seus usuários, além de terem domínio dessa linguagem, saibam conceitos e informações relacionados aos temas representados nos mapas. Caso contrário, a leitura dessa representação inviabiliza-se.

Por isso, é interessante distinguirmos dois níveis de leitura de mapas:
- *simples*: quando apenas decodificamos os símbolos presentes nos mapas;
- *complexa*: quando, além de decodificar os símbolos, conseguimos elaborar respostas às questões já citadas ou até mesmo raciocínios geográficos. Vale dizer que, nesse nível de leitura, o mapa deve ser lido como se lê um texto escrito.

É importante salientar a necessidade de romper com visões mecânicas de leituras de mapas incorporadas por muitos docentes, que concebem ser possível apenas retirar desse recurso dados ou informações sobre a localização geográfica dos fenômenos. Tal visão é, a nosso ver, fruto de uma formação docente não comprometida com uma dada prática pedagógica que se queira entendedora e transformadora da sociedade.

Outros autores expressam a função do mapa no ensino de Geografia da seguinte maneira:[11]

Para Simielli:

> *O mapa* é um instrumento comumente usado na escola *para orientar, localizar e informar.*
> A importância da sua utilização consiste em permitir um contato mais direto que palavras entre a criança e o mundo, embora exija um alto nível de abstração.[12]

Para Rua et al.:

> *O mapa* é um importante instrumento comumente utilizado pelas pessoas *para localizar, informar, orientar.* O fato de aparecer como um "símbolo" da escola nos leva a pensar se seria uma das funções fundamentais da mesma, ensinar a interpretar a representação dos espaços, compreender sua "arrumação", e neles saber orientar-se.[13]

---

11 Citaremos alguns autores e suas concepções por estarmos, nesse momento, nos propondo a refletir sobre os vários usos do mapa no ensino de Geografia que lhe têm sido atribuídos pelos sujeitos que trabalham com essa questão.
12 Simielli, 1986, p.30 (grifo nosso).
13 Rua, 1993, p.12.

Para Klausner:

o mapa *"é um instrumento de observação indireta"* e os estudos geográficos não podem muitas vezes ser feitos pela observação direta.[14]

Para Guerra:

As cartas geográficas constituem a primeira ferramenta do trabalho, tanto para os geógrafos, como para os alunos e professores de Geografia. *Nos mapas, temos a facilidade de ver, de imediato, qualquer porção da Terra.* A extensão maior ou menor desta área terrestre vai depender da escala... A simples visualização das cartas não é o suficiente para que haja uma aprendizagem. É preciso que se faça uma leitura e se tente uma explicação das mesmas. A leitura das cartas não constitui um exercício cartográfico. A prática de lidar com as cartas leva à sua interpretação. É indispensável poder tirar o máximo deste instrumento de trabalho. É também importante saber o valor das cartas utilizadas, suas limitações e precisão.[15]

Para Keller:

O objetivo do trabalho prático com mapas – *O trabalho de interpretação de cartas tem como objetivo dar aos estudantes uma visão concreta* dos assuntos tratados nos cursos e criar o hábito do trabalho científico, obrigando-os a aplicar nas cartas os métodos da Geografia ... *O grande valor do trabalho com mapas é de dar uma visão global e revelar as distribuições e inter-relações que são o objeto específico da Geografia.*
A interpretação de um mapa compreende uma síntese na qual ideias complexas são deduzidas e combinadas a partir de observações analíticas.[16]

Observa-se, pelo exposto, que estão colocadas pelo menos três funções para o mapa na escola: *orientação, localização e informação*. Nas citações, podemos também verificar as especificidades do mapa, como meio de comunicação de informações de natureza

---
14 Klausner, 1968, p.50 (grifo nosso).
15 Guerra, 1968, p.183 (grifo nosso).
16 Keller, 1968, p.57 (grifo nosso).

geográfica: "instrumento de observação indireta", "facilidade de ver de imediato, qualquer porção da Terra", "dar uma visão global e revelar as distribuições e inter-relações".

É importante esclarecer que, apesar de o mapa ser uma representação altamente abstrata e seleta de parte ou de toda superfície terrestre, é um instrumento que pode nos possibilitar, por exemplo, a visão de todos os Estados nacionais ou outros fenômenos que ocorrem em âmbito mundial concomitantemente (por exemplo, países que estão envolvidos em algum tipo de mercado comum), o que é impossível sem o uso desse artifício, dadas as características geométricas da Terra. Além de potencializar nossa capacidade de visão, possibilita a territorialização de fenômenos diferenciados que podem nos auxiliar no entendimento daquilo que Lacoste[17] denomina espacialidade diferencial.[18]

Entendê-la é condição para que o sujeito possa atuar efetivamente nas espacialidades diferenciais que fazem parte de sua vida, é condição sem a qual não poderá ocorrer a materialização de uma prática que se pode dizer potencialmente transformadora. Por isso, o mapa tem uma função relevante no ensino de Geografia, pois pode "organizar uma massa confusa de informações espaciais", como diz Lacoste,[19] enfim, pode nos auxiliar a entender as múltiplas redes espaciais das quais participamos (transportes, consumo, informações, cultural, socioeconômica, entre outras).

Acreditamos que, com essas reflexões, demonstramos que o uso de mapas no ensino de Geografia é imprescindível; no entanto, é preciso ter claro que não é qualquer tipo de utilização que é útil a ele: umas são mais que outras, como já demonstramos. Para que aquele tipo de utilização citado ocorra, o professor deve ser mais bem preparado para o trabalho com esse instrumento, deve se tornar competente para sua utilização, enfim, deve se tornar também leitor de mapas.

---

17 Lacoste, 1988, passim.
18 Ibidem. Para o autor, espacialidade diferencial se refere à multiplicidade de representações espaciais, de várias dimensões, que correspondem a uma série de práticas e ideias, mais ou menos dissociadas, que se multiplicaram e se ampliaram na modernidade.
19 Ibidem, p.51.

Entendemos que é impossível um professor, que não seja leitor de mapas, ensinar seus alunos a ler mapas. Somente ensinamos e/ou auxiliamos a construir capacidades, noções, habilidades, atitudes e valores de que dispomos. Isso explica, em grande parte, o tipo de uso que se faz dos mapas nas escolas do ensino fundamental e médio e até mesmo no ensino superior.

O MAPA NO ENSINO DE GEOGRAFIA

Apesar de já ter discorrido anteriormente sobre o uso que o mapa deveria ter no ensino de Geografia, e apesar de aparentemente óbvia a relação do ensino de Geografia com o uso de mapas (o professor de Geografia e a própria disciplina sempre foram associados, pela maioria das pessoas, ao mapa), o que temos vivido como docentes[20] forja a necessidade de fazer um esforço para esboçar como está essa realidade que, a nosso ver, é paradoxal. Em outras palavras, faz-se necessário explicitar como esse instrumento é utilizado na rede de ensino fundamental e médio, e é também preciso entender as práticas geradas em seu interior para superá-las e/ou incorporá-las a um novo uso.

A contradição relatada ocorre porque, apesar de alguns pesquisadores[21] afirmarem ou darem a impressão de que o mapa sempre foi utilizado no ensino de Geografia, o que vemos ou podemos observar na realidade é, como dissemos anteriormente, um paradoxo entre o que os pesquisadores afirmam e o que ocorre no ensino dessa disciplina, porque na maioria das vezes impera um certo abandono, descaso e subutilização desse meio de comunicação em razão de um discurso tido como geográfico, mas que na verdade empobrece o papel da escola e da própria disciplina em questão. Foi o que ocorreu com boa parte de professores de Geografia formados sob a égide daquilo que conhecemos sob o rótulo de Geografia Crítica. A nosso

---

20 Em discussão com nossos pares pelas informações sobre prática pedagógica e uso de mapas, pelos trabalhos que temos lido.
21 Entre eles podemos citar: Almeida & Passini, 1989; Ceccheti, 1982; Cruz, 1982; Oliveira, 1978, 1985.

ver, num determinado momento histórico houve um certo descuido com sua formação cartográfica. Com isso, gostaríamos de esclarecer que não estamos negando a contribuição do movimento de crítica à Geografia produzida até então, mas procuramos, mais uma vez, evidenciar algo que deixou marcas profundas na formação docente e na Geografia que se ensina atualmente.

Muitos professores de Geografia têm falado sobre os fenômenos a serem estudados e/ou analisados, como se os mesmos ocorressem em territórios já conhecidos e familiares para os alunos ou como se a sua territorialidade não fosse tão importante. Um dos fatores que podem, em parte, explicar essa prática dos professores é a afirmação de Lacoste,[22] que explica que a análise marxista é fundamentalmente de tipo histórico. A Proposta Curricular para o Ensino de Geografia do 1º grau do Estado de São Paulo fez opção clara pela base teórico-metodológica marxista; em razão disso, segundo alguns professores, privilegiam-se pontos de vista históricos, econômicos e sociais para entender a realidade. Essa opção leva ao questionamento de alguns professores pelos próprios alunos, que perguntam se o que estão trabalhando é História ou Geografia; em alguns casos, perguntam quando o professor vai começar a "dar aulas de Geografia".

Temos visto constantemente, nas salas dos professores, alguns reclamando que os alunos são ignorantes ou não entendem que "Geografia não é só memorizar nome de rio ou países", pois perguntam: "Professor(a), isso é História ou Geografia?"; "Você é professor(a) de História ou Geografia?"; "Quando é que o senhor(a) vai começar a dar aula de Geografia?". Além da perda de identidade como disciplina, observa-se que ocorre a subutilização do mapa e o "esquecimento" de alguns conhecimentos, denominados, por muitos, "Geografia Física".

No entanto, não é somente o uso de mapas que está marginalizado ou não é apenas esse meio de comunicação que é subutilizado. Os próprios professores, com "suas Geografias", acabaram, em razão de várias contingências, por marginalizar o próprio ensino dessa disciplina por meio de práticas pedagógicas e políticas descompromissadas com um determinado tipo de conhecimento, de

---

22 Lacoste, 1988.

escola, de Geografia e de sociedade ou compromissadas com uma outra opção política de sociedade, de Geografia, de escola, muitas vezes sem nem mesmo perceber o que estavam fazendo.

É claro que o atual estado do ensino de Geografia não se deve somente aos professores, mas a todo um conjunto de situações, como bem ilustra a Proposta Curricular para o ensino de Geografia de 1º grau do Estado de São Paulo:

> A grande maioria dos professores da rede oficial de ensino do Estado de São Paulo sabe muito bem que o ensino atual da Geografia não satisfaz nem ao aluno nem mesmo ao professor. Um quadro herdado, particularmente do período extremamente autoritário em que o País viveu, é evocado para justificar a situação atual do ensino do primeiro e segundo graus: jornadas de trabalhos incompatíveis com a docência, salários aviltados, certa instabilidade no emprego, ausência de cursos de reciclagem para os professores da rede, falta de entrosamento entre muitas Direções de Escolas, Delegacias de Ensino, Divisões Regionais de Ensino e Professores. Estas e muitas outras razões são lembradas em qualquer debate sobre a situação atual do ensino em geral, e a Geografia, em particular, não fugiu à regra.[23]

Esse "saber" geográfico que não satisfaz nem ao professor nem ao aluno, como diz a frase acima, e que é apresentado ao corpo discente, na maioria das vezes, situa-se entre três polos: ou é mera soma ou colagem de fragmentos, como diz Moreira,[24] ou limita-se, como diz Santos,[25] a ser um palanque privilegiado de denúncias políticas de todos os tipos, ou torna-se um discurso histórico travestido de geográfico, pois, além de entender a história que ocorreu num determinado espaço, os alunos fazem os mapas, desenham seus contornos, pintam e escrevem o nome dos países.

Para pensarmos efetivamente acerca da importância do mapa no ensino de Geografia, é preciso, antes de mais nada, refletir um pouco mais sobre a função do ensino dessa disciplina, pois isso irá influenciar em grande parte no tipo ou no uso que faremos ou não do mapa.

---

23 São Paulo (Estado), 1992, p.15.
24 Moreira, 1987.
25 Santos, 1995.

Por outro lado, o entendimento do mapa como meio de comunicação de diversas realidades territorializadas ou como linguagem utilizada no ensino de Geografia pode também auxiliar em nossa reflexão sobre a função deste último, que seria a compreensão do espaço geográfico ou, como dissemos anteriormente, o entendimento e desvelamento da lógica da distribuição e diferencialidade territorial dos fenômenos.

Santos, em seu texto denominado "Conteúdo e objetivo pedagógico no ensino de Geografia", sobre o ponto de partida do discurso geográfico, afirma que:

> Onde estou? e, em relação a que, posso afirmar que identifico corretamente tal localização? Estes são os pontos de partida do discurso geográfico que, infelizmente, se está subentendido na própria necessidade de sua elaboração, foi literalmente eliminado no ensino formalista de nossas escolas. Resgatar o questionamento é nos obrigar a redimensionar o nosso olhar, colocando-o – tal como o homem primitivo que olhava em seu entorno no sentido de memorizar as referências que permitissem fazer, com facilidade, tanto o caminho de ida quanto o de volta – serviço do entendimento da(s) dinâmica(s) que define a diferencialidade territorial e que nos permite identificar a existência dos próprios fenômenos.[26]

Observa-se, pelo parágrafo transcrito, que a questão da localização é entendida, pelo autor, como o ponto de partida para o ensino da Geografia, mas este foi eliminado pelo ensino formalista. Entendemos que apesar de ser verdadeira e importante essa afirmação, porque chama a atenção do corpo docente para rever sua prática pedagógica, não explica as causas da eliminação desse ponto de partida de que nos fala o autor. Compreender por que a questão da localização foi eliminada no ensino de Geografia é condição para resgatá-la, para justificá-la e redimensionar seu uso.

A nosso ver, um dos motivos prováveis que podem explicar a subutilização dos mapas no ensino de Geografia é o fato de que pensar em cartografia, dedicar-lhe importância junto à ciência geográfica, comprometia uma certa "conduta" de pesquisador-docente.

---

26 Ibidem, p.58.

Ou seja, como se a posição "política", "teórico-metodológica", ou melhor dizendo, o *status quo* pudesse ser abalado e não ser mais identificado como "marxista", de esquerda, portanto, libertário e democrático. Passou-se a acreditar em, ou a se criar, uma "cultura" de que, para "ter e exercer" efetivamente essas posições e posturas, pudéssemos prescindir, sobretudo em Geografia, de conhecimentos técnicos e cartográficos.

Essa "cultura" por nós descrita decorreu de uma fase (final dos anos 70 e pouco além, no Brasil) pela qual grande parte dos geógrafos passou, época de crise e transformação que se materializou numa série de artigos, livros e escritos sobre a necessidade de mudança dos referenciais teórico-metodológicos até então em uso pelos geógrafos. Essa fase culminou com a criação da denominada e conhecida por muitos "Geografia Crítica ou Radical". Essa Geografia que pretendia ser revolucionária, crítica, valorizou, num primeiro momento, o discurso sobre a questão do método de leitura da realidade, descuidando,[27] assim, de reflexões necessárias no que se refere aos conhecimentos técnicos e cartográficos; à questão dos objetivos do ensino de Geografia; dos conteúdos a serem trabalhados em função dos objetivos, entre outros.

O não pronunciamento acerca dessas questões no "calor do debate" e o teor das críticas feitas à produção geográfica anterior (principalmente à Geografia conhecida como "Tradicional" e à "Geografia Teorética ou Quantitativa") deram margem para que o profissional se descuidasse de sua formação, bem como da formação de novos profissionais, ou seja, os cursos de formação de professores também começaram a dar mais ênfase à denominada "parte humana" da

---

27 É preciso esclarecer que entendemos que, nesse momento, como se tratava de uma corrente que propunha transformações teórico-metodológicas, o centro de atenções das discussões, dos embates teóricos, só poderia ser a questão do método. No entanto, essa atitude acabou provocando de forma indireta ou dando margem para que o professor entendesse, implicitamente, que seria necessário despojar-se de tudo que fazia parte da "Geografia Tradicional" para se tentar construir uma Geografia realmente crítica. Mais uma vez assistimos a um engano propiciado pela má-formação docente; nesse momento, acredita-se que o que é pernicioso no ensino são os conteúdos, os instrumentos utilizados pela Geografia Tradicional; daí seu abandono. Apesar disso, atualmente o que estamos observando é um repensar da questão da técnica e da Cartografia, dentro da corrente teórica conhecida como "Geografia Crítica".

Geografia que à "parte técnica e física", o que demonstra ter uma base doutrinária positivista, pois a divisão Geografia Humana x Geografia Física já está estabelecida, *a priori*.[28]

É importante deixar claro que não estamos de forma alguma negando a importância desse momento de transformação da Geografia como repensar teórico-metodológico, pois houve avanço em termos de compreensão da realidade. Na verdade, queremos enfatizar que os discursos deixaram margem para que o professor tivesse uma formação técnica e cartográfica e, portanto, formação integral, deficiente, ou para que ele se descuidasse desses conhecimentos, sem estar pensando na possibilidade de sua (re)apropriação.

Por causa desse engano ou entendimento equivocado, de que eram os instrumentos, os mapas, os livros didáticos "tradicionais" os responsáveis pelo tipo de Geografia que se fazia até então, e pelo fato de o profissional não enxergar que o grande diferencial das práticas pedagógicas denominadas "tradicionais" e "críticas" situa-se na questão do método, aboliu-se tudo o que se considerava tradicional.

A título de exemplificação, transcrevemos abaixo outras referências sobre as ideias de diferentes autores relativas ao uso de mapas e à Cartografia, buscando ressaltar que, muitas vezes, esses escritos deixam margem para interpretar que as técnicas e a Cartografia deveriam ser totalmente dispensáveis para uma Geografia que se deseja crítica, pois esses são instrumentos da Geografia Tradicional, apropriados pelo Estado, com o objetivo de dominação:

Vlach afirma o seguinte:

> Ao impor o seu poder espiritual, os intelectuais orgânicos da burguesia encontraram no conhecimento geográfico um importante aliado, pois, tradicionalmente, este vinha descrevendo a terra, sua população e suas atividades econômicas. *A(s) descrição(ões) permitiu(ram) a acumulação de dados e informações, geralmente cartografados, tendo-se chegado a confundir geógrafo com cartógrafo durante muito tempo.*[29]

---

28 A respeito desse assunto ver Capel, 1983. Nesse livro, o autor faz considerações sobre a história e teoria da Geografia contemporânea, tecendo uma reflexão teórico-metodológica sobre seu objeto, pressupostos e métodos aplicados pela Geografia para o conhecimento da realidade.

29 Vlach, 1990, p.58-74, passim (grifo nosso).

Num outro ponto da mesma obra:

> A vaga, no programa escolar, para a disciplina da descrição da terra (Geografia etimologicamente, é a descrição da terra), portanto, vinculou-se à razão enquanto instrumento de dominação da burguesia (industrial). Descrição que lhe era particularmente interessante (útil) porque ela (também) lhe proporcionava elementos para a produção do espaço de seu poderio (interno e externo ao respectivo Estado-nação) sob a forma camuflada de um ensino sem (nenhuma) importância, baseado na exigência da memorização de informações e dados, obtidos em trabalho de campo, desde os mais simples (realizados no âmbito da escola), até os mais sofisticados (patrocinados, direta ou indiretamente pelo próprio Estado), que se encarregavam do levantamento dos diferentes lugares e de sua *(meticulosa) cartografia.*[30]

Por sua vez, Vesentini faz as seguintes afirmações:

> Difundir uma ideologia patriótica e nacionalista: eis o escopo fundamental da Geografia escolar. Inculcar a ideia de que a *forma Estado-nação* é natural e eterna; apagar da memória coletiva as formas anteriores de organização espacial da(s) sociedade(s), tais como as cidades-estado, os feudos, etc.; enaltecer o "nosso" Estado-nação (ou "país", termo mais ligado ao território e menos à história), destacando sua potencialidade, sua originalidade, o "futuro" glorioso que o espera. *Numa perspectiva nacional, "o estudo do Brasil" deve começar pela área e formato do território, latitude e longitude, fusos horários etc.; deve destacar sua imensa riqueza natural e nunca esquecer de, ao esboçar o mapa, colocar sempre a cidade-capital em seu "centro geográfico", no "coração" do Brasil.*[31]

Num outro momento, fazendo críticas à chamada Geografia Tradicional, ele diz:

> E, sobretudo, repensar o ponto de partida para se estudar alguma realidade nacional: *a Geografia tradicional possui um esquema predefinido (a localização, as coordenadas geográficas, o meio físico etc.), que é necessário abandonar.*[32]

---

30 Ibidem, passim.
31 Vesentini, 1992, p.18 (grifo nosso).
32 Ibidem, p.65

Ao ler-se a produção teórica de alguns geógrafos, somos obrigados a retomar nossas considerações a respeito da subutilização de mapas, ou quando afirmamos anteriormente que as opiniões, como as transcritas acima, foram importantes para criar uma espécie de consciência coletiva que levou à abominação de certas práticas tidas como tradicionais.

Um conceito se propagou, como algo sub-reptício, e mesmo as citações, anteriormente apresentadas, não permitem afirmar categoricamente que os autores tinham de fato a intenção de dar tal tratamento à Cartografia. O que reafirmamos é que foram importantes para criar essa espécie de "consciência coletiva".

Ao estabelecer essa leitura sobre os conhecimentos cartográficos, permitindo perceber que estes de certa forma foram vinculados a uma produção geográfica, e no momento do debate, no calor de derrubar os pressupostos teórico-metodológicos espelhados pela Geografia tradicional, ou mesmo teórico-quantitativa (*New Geography*), e de fundar uma "Geografia nova", com base materialista, ou crítica, a Cartografia acabou sendo vinculada ao que era "velho", ou ao que não era "revolucionário".

Observa-se que a Cartografia estava associada a um "ensino tradicional" de Geografia e que, portanto, para serem críticos, os professores deveriam abandonar o "esquema predefinido" da Geografia Tradicional. Isso significava também abandonar o discurso fragmentário e a Cartografia e "adotar" um outro discurso repleto de denúncias políticas ou de caráter histórico, em que a Geografia perde sua especificidade, nela tudo podendo ser trabalhado, desde que de "forma crítica". A Geografia ensinada nas escolas torna-se um palanque de denúncias políticas e, muitas vezes, uma disciplina cuja preocupação maior era a de militância de alguns partidos políticos de esquerda, contribuindo assim para a proliferação de um discurso panfletário, que pouco auxiliou para a construção de uma cidadania plena, ou seja, daquele cidadão informado, autônomo intelectualmente.

Observamos, contudo, pelas exposições de trechos da Proposta de Geografia da CENP, já transcritas aqui, que a marginalização do uso do mapa não é fruto dela, mas da prática pedagógica do próprio docente e da falta de mapas adequados em livros didáticos, atlas, entre outros, que dificultam o acesso de professores e alunos a esse meio de comunicação. Isso nos leva a negar as afirmações de que a proposta não permite ao professor trabalhos com Cartografia; tais entendimentos podem ser tomados como explicação para a subutilização dos mapas como meio de comunicação.

Nossas pesquisas indicaram que 64% dos professores classificaram sua formação cartográfica como ruim; no entanto, 77% responderam que ensinam seus alunos a ler mapas. Observa-se que aí está um paradoxo preocupante que, em certa medida, explica a subutilização desse meio de comunicação, pois a uma formação cartográfica precária corresponderá uma utilização ou não do mapa de forma equivalente ou mais precária, ou seja, a uma subutilização. Por isso, reafirmamos nosso ponto de vista de que é impossível um professor que não saiba utilizar mapas ensinar um aluno a fazê-lo, assim como é impossível um não leitor ensinar alguém a ser leitor. Na verdade, o que deve ficar claro é que ensinamos apenas aquilo que sabemos, e é pouco provável que alguém que tenha uma formação cartográfica deficiente ensine a ler mapas.

Acerca da formação cartográfica docente e aprendizagem da leitura de mapas, Simielli faz a seguinte afirmação:

> o professor também precisa estar bem informado quanto ao alfabeto cartográfico, pois só assim saberá transmiti-lo ao aluno. Isso diz respeito à formação dos professores e à sua capacidade para usar o mapa como meio de comunicação. Caso contrário, o mapa será usado apenas como recurso visual.[33]

Depreende-se, por essa afirmação, que o professor para saber explorar ao máximo esse recurso deve ter uma boa formação cartográfica; caso contrário, o mapa servirá apenas como ilustração ou será subutilizado. Na verdade, essa é uma das explicações que mais influem na questão da forma como o mapa é utilizado.

Apesar do grande peso da alfabetização cartográfica no que se refere à formação integral do professor, acreditamos que existem ainda outros fatores a serem explicitados para o entendimento da questão acerca da subutilização dos mapas.

---

33 Simielli, 1986, p.143.

Santos & Le Sann ao estudarem a cartografia presente no livro didático de Geografia afirmam que:

> a Cartografia do livro didático nem sempre alcança esses objetivos,[34] haja vista os depoimentos de professores sobre as dificuldades e atitudes negativas dos alunos em relação aos mapas e gráficos. Essa atitude muitas vezes é uma resposta à má qualidade das ilustrações presentes no material didático a que os alunos têm acesso e um reflexo da atitude do professor despreparado para ler, analisar e/ou construir documentos cartográficos.[35]

Encontramos nas palavras das autoras mais um fator que explica a subutilização dos mapas no ensino de Geografia, ou seja, sua má qualidade, aliada a uma formação docente de qualidade questionável, pode ser um dos fatores explicativos para tal atitude ante esse meio de comunicação.

Outros fatores que devem ser citados para explicação da subutilização dos mapas é, às vezes, a ausência deles na escola, o difícil acesso a sua utilização, a ausência de mapas atualizados (o docente em razão de uma formação cartográfica precária não sabe como atualizá-los), falta de condições materiais, que associados à pouca familiaridade no trabalho com esse meio de comunicação resultam em sua não utilização ou subutilização.

Em resumo, a subutilização do mapa no ensino de Geografia parece ser algo comum, e isso pode ser explicado por vários fatores que vão desde a falta de habilidade do professor, má qualidade dos documentos cartográficos, preconceito em seu uso dada uma compreensão enviesada do que seria a tão propalada "Geografia Crítica", falta de condições materiais (ausência de locais para expô-los,[36] ausência de mapas de escalas variadas e/ou não atualizados,

---

34 Segundo as autoras, esses objetivos ou os objetivos das ilustrações são concentrar informações para facilitar apreensão.

35 Santos & Le Sann, 1985, p.4.

36 É importante que se tome o devido cuidado com esse tipo de prática, pois ocorre frequentemente de o aluno (e muitos professores) referir-se ao Norte como em cima e ao Sul, embaixo. Essa visão do mapa dá margem para que se subentenda que somente essa visão da Terra com o Norte "para cima" é a correta, ou que o "Norte sempre está em cima". É importante que se tenha

dificuldade em seu acesso), não compreensão da importância da sua utilização, entre outros.

Acreditamos que o esboço que fizemos sobre o uso do mapa no ensino de Geografia servirá para repensar a possibilidade de um uso mais adequado desse meio de comunicação e/ou para redimensionar a questão.

Pelo exposto, acreditamos também que é importante refletir sobre o que significa na verdade ler mapas, ou que concepção de leitura deveríamos ter para que pudéssemos realmente ler um mapa, e assim utilizá-lo plenamente.

USO DE MAPAS = ALFABETIZAÇÃO CARTOGRÁFICA E/OU LEITURIZAÇÃO[37] CARTOGRÁFICA?

A reflexão sobre o conceito de alfabetização torna-se necessária, à medida que, no que se refere à leitura de mapas, muitos autores afirmam o seguinte:

> Para usarmos o mapa temos que conhecer essa linguagem, temos que aprender desde as séries iniciais a "ler" através da linguagem gráfica, assim como aprendemos a nos expressar através da linguagem escrita.[38]

---

claro que essa atitude de pendurar mapas não é adequada e pode gerar uma série de confusões no aluno.

37 Termo utilizado por Jean Foucambert, que parte do pressuposto de que é em razão de um comportamento tradicional da escola, de dar ênfase apenas e tão somente à análise das características formais do sistema de escrita, que as crianças acabam por adquirir um comportamento alfabético que fixa o hábito da oralização, que em seu modo de entender freia o ato de leitura ou o processo de leiturização. O conceito de leiturização, para o autor, é contrário ao de alfabetização (aqui entendida como um processo mecânico) na medida em que o primeiro é um ato de atribuição voluntária de um significado à escrita, e o segundo é mera decodificação, decifração de um código socialmente estabelecido. Segundo ele, normalmente a escola entende que, se o aluno sabe decodificar a linguagem escrita, já se torna automaticamente um leitor, o que, segundo o autor, é um equívoco, pois existem atualmente apenas 30% de leitores e 70% de decifradores. Sobre esse assunto, ver Foucambert, 1994.

38 Simielli, s. d., p.27.

Não está incluído na alfabetização o problema da leitura e escrita da linguagem gráfica, particularmente do mapa: os professores não são preparados para "alfabetizar" as crianças no que se refere ao mapeamento.[39]

Ler mapas, portanto, significa dominar esse sistema semiótico, essa linguagem cartográfica. E preparar o aluno para essa leitura deve passar por preocupações metodológicas tão sérias quanto a de se ensinar a ler e a escrever, contar e fazer cálculos matemáticos.[40]

Observa-se que o mapa tem uma linguagem considerada específica. Para ler esse material, a maioria dos autores entende que devemos aprendê-la, como se aprende a ler e escrever a linguagem escrita. Por isso, refletiremos sobre os conceitos de alfabetização e/ou leiturização subjacentes ao presente trabalho.

O clareamento desses conceitos é relevante porque é a partir de nosso entendimento do que vem a ser alfabetização e/ou leiturização que podemos ensinar a ler mapas ou apenas decodificá-los.

Antes de fazer a reflexão a que nos propomos, contudo, pontuaremos algumas questões que de uma forma ou outra interferem na concepção de alfabetização que queremos discutir.

Entendemos que, apesar de importante o uso dos mapas no ensino de Geografia, como já afirmamos anteriormente, é preciso que se tenha claro que ele não deve se resumir ao ensino do mapa. Pelo contrário, o uso desse meio de comunicação deve estar subordinado a um tema de estudo ou ao entendimento de determinado fenômeno, ou seja, é preciso não confundir o ensino do mapa com o ensino de Geografia, priorizando somente o primeiro. O mapa deve ser entendido então como um material que auxilia no entendimento e desvelamento de determinada realidade; caso contrário, o ensino de Geografia poderá se tornar o ensino do mapa pelo mapa, o que coloca em xeque o papel da disciplina no currículo de qualquer série escolar. E é com pertinência que Santos faz a seguinte observação:

> A aprendizagem da cartografia (enquanto sistematização geométrica dos fenômenos) pode ser um dos pontos de partida para tal

---
39 Oliveira, 1978, p.12.
40 Almeida & Passini, 1989, p.15.

"alfabetização" mas, sem dúvida, não podemos confundir Geografia com Geometria, já que a matematização dos fenômenos não é suficiente para a construção de respostas em relação à localização nos termos que estamos aqui discutindo.

Desenhar mapas, falar e escrever para, na sequência seguinte, escrever, falar e desenhar mapas ou, em qualquer uma das ordens que tal processo possa se realizar, transformar a observação empírica em discurso e o discurso em observação parece ser o jogo fundamental para que o entendimento da ordenação territorial dos fenômenos ultrapasse o limite da constatação e atinja, definitivamente, a condição de explicitação.[41]

Constata-se, por essas ideias, que, apesar de o mapa ser um recurso importante e os conhecimentos cartográficos poderem ser um dos pontos de partida possíveis para o ensino de Geografia, é preciso que o docente não perca de vista a própria disciplina e não confunda suas aulas com as de Cartografia, prejudicando dessa forma seu projeto político-pedagógico.

Para que isso não ocorra, é recomendável que os professores que trabalham com objetivos e conteúdos geográficos utilizem mapas sempre que possível, não se esquecendo, porém, de que a aula de Geografia não pode se transformar em aula de Cartografia. Além disso, seria interessante também que eles trabalhassem com noções e habilidades (rotação, redução, abstração) para o uso desse material. Para isso, é preciso que o docente recupere sua competência como educador num sentido amplo, recuperando assim seu compromisso político com uma determinada visão de mundo.

A questão da leitura de mapas, no entanto, torna-se complexa à medida que verificamos que a linguagem cartográfica é específica e a leitura do mapa pressupõe, no mínimo, seu domínio. Alguns autores costumam até afirmar que existe um alfabeto cartográfico[42] (convenções cartográficas) e uma gramática gráfica.[43] Portanto, para professores e alunos utilizarem todo o potencial do mapa, tornarem-se usuários e valorizarem essa forma de expressão, é preciso que, segundo esses autores, eles dominem esse alfabeto cartográfico

---

41 Santos, 1995, p.58.
42 Ver Guerra, 1968.
43 Ver Bertin & Gimeno, 1988.

e essa gramática gráfica. A nosso ver, apesar de importante, é preciso tomar muito cuidado para as aulas de Geografia não se travestirem de Cartografia. Além disso, é necessário que os professores tenham uma concepção de leitura e alfabetização mais ampla, e o mais importante: devem ser leitores de mapas e não meros decodificadores.

Ser leitor de mapas significa, a nosso ver, que o sujeito é capaz de ler esse material tal como um texto escrito. Em outras palavras, significa que o leitor de mapas deve extrair significados do texto cartográfico que nele está representado. Por isso, não se pode chamar de leitura de mapas o ato de decodificar o que está representado no mapa por meio da legenda. A leitura de mapas é um processo muito mais complexo, implica decodificação de símbolos e elaboração de significados a partir de representações que foram previamente elaboradas.

Após ter explicitado esse ponto de vista, surge a questão: Como fazer, então? Ensinar todo o alfabeto cartográfico, para depois os alunos lerem mapas? Devemos enfatizar o alfabeto cartográfico para depois fazer a leitura? As respostas às questões devem ser repensadas à luz das novas propostas ou dos entendimentos do que significa alfabetizar e do que é ler; caso contrário, correremos o risco de fazer apologia do ensino do alfabeto cartográfico. Não que ele não seja necessário, mas o ensino de Geografia não pode se resumir a isso.

As propostas mais recentes para a aprendizagem da leitura de mapas, *grosso modo*, baseiam-se nos desdobramentos das teorias psicogenéticas de Jean Piaget[44] para o ensino como um todo. Utilizando-se desses referenciais Almeida & Passini afirmam que:

---

44 Jean Piaget não se preocupou especificamente com os desdobramentos que suas pesquisas teriam na área de Educação. Sua preocupação principal foi com a questão psicogenética do conhecimento, ou seja, as principais perguntas que procurou responder foram: Como o homem aprende? Como organiza seu pensamento? Para responder a esses questionamentos voltou-se para o estudo do desenvolvimento intelectual da criança. Isso fez que seu trabalho tivesse grande repercussão nos meios escolares, permitindo que muitos educadores entrassem em contato com a produção teórica do próprio autor, de seus colaboradores, ou com a produção daqueles que escreviam sobre o que tinham entendido de seus estudos e como poderiam ser úteis para os professores das mais variadas disciplinas, principalmente de Matemática e Ciências. Pesquisadores da

"Iniciando o aluno em sua tarefa de mapear, estamos, portanto, mostrando os caminhos para que se torne um leitor consciente da linguagem cartográfica".[45]

Observa-se que as autoras partem do pressuposto de que é mapeando que o aluno vai tomar consciência da importância das representações utilizadas em Geografia e vai, portanto, poder utilizá-las de uma forma mais consciente. No entanto, para a leitura de mapas, como já afirmamos, só mapear não basta: é preciso dominar um conjunto de habilidades, noções, conceitos, informações para que realmente essa leitura seja plena de significados.

É preciso salientar, no entanto, que o que se entende por mapear é diferente de decalcar o mapa. O que observamos e o que Bertin & Gimeno[46] também afirmam é que muitos professores mandam fazer apenas a cópia de mapas nas aulas de Geografia. Geralmente os mapas utilizados para fazer a cópia são aqueles em pequenas escalas (mapa-múndi, mapa do Brasil, da América do Sul etc.), reproduzidos nos livros didáticos. É preciso enfatizar ainda que essas atividades contribuem muito pouco para que o aluno se alfabetize cartograficamente; pelo contrário, acabam desmotivando-o para o trabalho com mapas e para a aula de Geografia e tendo um papel altamente ideológico, pois não refletem nem sequer sobre os fatores sociais, econômicos e políticos que contribuíram para a atual territorialidade do Estado-nação, naturalizando assim sua existência. Lacoste ilustra muito bem esse processo:

> Contudo o instrutor, o professor, sobretudo outrora, mandavam "fazer" cartas. Mas não cartas em grande escala nas quais cada um pudesse ver como elas dão ideia de uma realidade espacial que se conhece bem, mas sim cartas em pequeníssimas escalas, sem utilidade no quadro das práticas usuais de cada um; são, na realidade, imagens simbólicas que o aluno deve redesenhar: antigamente era mesmo proibido decalcar, talvez, para se impressionar melhor.

área do ensino de Geografia, pelo menos no Brasil, têm tentado se aproximar das concepções piagetianas na última década. Um dos primeiros pesquisadores a utilizar o referido autor, no que se refere ao uso de mapas no ensino, foi, como já afirmamos, Lívia de Oliveira.
45 Almeida & Passini, 1989, p.21.
46 Bertin & Gimeno, 1982.

> A imagem que devia ser, inúmeras vezes, reproduzida por todos os alunos (hoje não é mais assim) era, primeiro, a da pátria. Outros mapas, representando outros Estados, entidades políticas cujo esquematismo dos caracteres simbólicos vem tanto melhor ainda reforçar a ideia de que a nação onde se vive é um dado intangível (dado por quem?), apresentando como se tratasse não mais de uma construção histórica, mas de um conjunto espacial engendrado pela natureza.[47]

A partir das afirmações do autor percebe-se a importância do trabalho com mapas de grandes escalas, que nos permitem entender os lugares, as territorializações que, regra geral, fazem parte de nosso cotidiano. Permitem, além disso, que se perceba a importância de apreender e entender o mundo em que se vive, fruto cada vez maior de processos de espacialidades diferenciais e composta, portanto, de redes que se interpenetram, comunicam-se, cruzam-se. É por meio de mapas de grandes escalas que poderemos trazer a "Geografia do alunos" para a sala de aula. Esse saber é um importante ponto de partida, pois recupera o sentido e o significado da Geografia na vida do aluno. Como diz Resende:

> Ao contrário do que tantas vezes amamos acreditar, não se trata de um pré-saber nem tampouco de um obstáculo ao verdadeiro saber. É um saber como qualquer outro e, mais que isso, um saber que, se devidamente considerado, pode sem dúvida alguma facilitar o acesso destes alunos ao conhecimento científico da Geografia – aquilo que denominamos nesse trabalho espaço geográfico. Uma Geografia que não apenas cumpra o papel de intrigar o aluno – e que não sabe ou não quer responder "como e por que as coisas foi [sic] parar no pé que chegou", como afirma Rita –, mas que, partindo da verdade do aluno, de seu saber real, de sua inquietação real, possa transcendê-la elevando esse saber, sem ignorá-lo nem destruí-lo, ao patamar do rigor científico.[48]

Percebe-se, pela afirmação da autora, que o ensino de Geografia, ou seus professores, tem se preocupado muito pouco com o saber do aluno, com suas representações, com esse material que poderia estar servindo de ponto de partida para o entendimento

---
47 Lacoste, 1988, p.56.
48 Resende, 1986, p.161.

científico do espaço geográfico. No entanto, é preciso ter cuidado ao falar em valorização dos conhecimentos trazidos pelos alunos, pois é necessário que haja sempre a superação desse conhecimento particularizado, sincrético e muitas vezes contraditório. Isso não significa romper com esses saberes, mas reconstruí-los a partir de uma outra perspectiva, a partir de um outro entendimento da realidade que procura criar leis, verificar padrões de acontecimentos condutas, enfim, procura sistematizar todas essas informações e saberes para entendê-los, para melhor agir no mundo.

Simielli, no que se refere às atividades de mapear nas séries iniciais, afirma que:

> O objetivo de trabalharmos com as crianças desde as 1as séries iniciais, é o de que elas acabem adquirindo uma noção crescente da "linguagem gráfica" para que posteriormente possam usar eficazmente o mapa.
>
> O trabalho com mapas nas primeiras séries deve ser adequado e transformado, de modo que se torne uma experiência rica para o aluno que constrói, e para o professor que analisa os diferentes níveis de representação simbólica e as noções espaciais utilizados. O aluno, no início, é considerado como mapeador, aquele que representa a realidade física e social através de símbolos convencionados por ele próprio. Quando ele adquire a consciência da representação, pode tornar-se um usuário, aquele que lê e interpreta mapas elaborados por outros.[49]

Pelo exposto, podemos afirmar que é possível trabalhar com a linguagem gráfica e cartográfica desde as séries iniciais, o que pode contribuir para que o aluno entre em contato com as mais variadas formas de representação espacial socialmente construídas pelo homem, ao longo de sua história.[50] Além disso, o trabalho com a linguagem gráfica e cartográfica com alunos das séries iniciais pode fazer que eles adquiram uma noção da "linguagem cartográfica"; no entanto, tudo isso pode ou não contribuir para que o aluno leia o mapa e, o mais importante, pode contribuir ou não para que o aluno faça uma leitura geográfica da realidade.

---

49 Simielli, 1986, p.30-1.
50 A esse respeito, ler o livro de Dreyer-Eimbcke, 1992. Nesse livro, o autor descreve como os homens, há mais ou menos 2.500 anos, começaram a "desenhar" a Terra na qual viviam.

Entendemos que ler mapas é muito mais do que mera decodificação das convenções cartográficas; é, além de decodificar o "alfabeto cartográfico", também criar significados para aquela realidade que está sendo ou foi cartografada, é tentar conhecer determinada realidade de forma indireta e também elaborar pensamentos que expliquem essas territorialidades. Para que isso ocorra, somente ensinar como os fatos são cartografados não é suficiente, apenas desenvolver a habilidade de decodificação também não é suficiente. É necessário apresentar uma série de conceitos, informações, dados, categorias de análise e, o mais importante, uma lógica de entendimento do mundo ou estrutura de pensamento, para que se possa minimamente entender determinadas realidades contraditórias, mas que no processo de espacialidade diferencial se interpenetram, produzindo uma determinada territorialidade.

Considerando essa compreensão, decidimos refletir sobre um uso adequado de mapas que envolve a alfabetização ou a leiturização cartográfica. Isso nos levará a redimensionar o uso do mapa para e no ensino de Geografia. Em outras palavras, é refletindo sobre a necessidade de alfabetização cartográfica ou da leiturização cartográfica que teremos clareza quanto ao tipo de trabalho que poderemos desenvolver em sala de aula junto aos alunos.

Em relação à alfabetização, explicitaremos duas concepções metodológicas que, segundo Pino, têm marcado os debates no que se refere a essa questão:

> uma vai da parte ao todo – é o modelo *sintético* –; a outra vai do todo às partes – é o modelo *analítico*.
> O modelo sintético tem como princípio a correspondência entre linguagem oral e escrita e a ligação estreita da grafia com a fonética. Ele propõe a partir dos elementos mais simples (letras e sílabas) para chegar aos mais complexos (palavras e orações). De forma geral, esta concepção de alfabetização tem sido dominante na Escola tradicional, a qual tem insistido na necessidade de aprender as letras (o alfabeto) e os conjuntos silábicos como condição para ler e escrever bem.
> O modelo analítico concebe a leitura como um ato *global e ideovisual*. Assim como o modelo sintético prima a *audição* para aprender bem os fonemas, neste prima a *visão*, para aprender bem o texto. Suas origens remontam a O. Decroly que, reagindo ao mecanicismo do modelo sintético, criou o chamado *método global de alfabetização*,

baseado no postulado segundo o qual a criança tem uma visão da totalidade antes de chegar à análise do texto. Nesta concepção, reconhecer as palavras e as orações é primordial para a aquisição da leitura, constituindo tarefa posterior a análise de suas partes ou componentes.[51]

Verifica-se, pelo exposto, que uma concepção sintética de alfabetização tem uma concepção mecânica de leitura, pois o texto deve ser necessariamente decodificado para que se possa entendê-lo ou para se chegar ao que ele quer dizer.

O modelo analítico tem uma outra concepção de alfabetização, enfatiza a questão do entendimento do significado das palavras, da oração para poder compreender o texto, enfim, o objetivo primordial é sua compreensão. Verifica-se que a concepção de leitura do modelo analítico está muito próxima do conceito de leiturização constatado por Foucambert:

> aprende-se a ler com textos, não com frases, menos ainda com palavras, jamais com sílabas... E com textos longos, centrados diretamente na experiência e nas preocupações das crianças, na maioria das vezes redigidos pelos professores ou, às vezes, provenientes de forma da escola ou extraídos de escritos sociais; sempre concebidos, porém, como deveriam ser para responder de fato às necessidades dessas crianças se elas soubessem ler. Textos, portanto, que funcionassem realmente para leitores.[52]

Depreende-se dessa concepção de leitura que o processo de leiturização nas escolas, proposto por Foucambert, é muito próximo do modelo analítico de alfabetização.[53]

O objetivo da alfabetização já discutida é formar leitores e escritores; ler, segundo o mesmo autor, é atribuir significado ao texto escrito.

Em função do que foi exposto, podemos afirmar que o uso de mapas no ensino de Geografia implica leiturizar o aluno para que este, pela leitura de mapas, entenda a lógica das diferentes territorialidades produzidas.

---

51 Pino, 1993, p.106-7.
52 Foucambert, 1994, p.37.
53 Nesse modelo, a concepção de alfabetização é mais ampla.

Leiturizar geográfica e cartograficamente o aluno, portanto, implica não somente ensiná-lo a ler o "alfabeto cartográfico" mas também ensiná-lo a construir pensamentos sobre a representação.

Em razão dessas reflexões, acreditamos que o conceito comumente usado por vários autores de "alfabetização cartográfica" explicita limitações de interpretações acerca da importância do uso de mapas no ensino e da forma como os usuários podem aprender a ler mapas.

Esse questionamento foi feito com o intuito de redimensionar o uso do mapa. Temos que modificar nossa concepção de alfabetização e leitura para nos reapropriarmos desse meio de comunicação. Se ler um texto escrito é atribuir significado a ele, podemos igualmente afirmar que *ler um mapa é também atribuir significados, construir representações a partir dessa representação*. O leitor do mapa, de acordo com os conceitos que possui, sua visão de mundo, pode atribuir significados a ele desde que seja provocado a fazê-lo, desde que a necessidade esteja colocada. Em outras palavras, não nos tornamos leitores de mapas, naturalmente, assim como não conseguimos aprender a ler e a escrever a linguagem escrita naturalmente. Esses códigos e símbolos precisam ser aprendidos, mas dentro de uma concepção mais ampla de leitura, que não seja a mera decodificação de símbolos que nada querem dizer ou que não têm significado nenhum para o aluno.

O professor, por sua vez, pode, de acordo com os objetivos que ele tem para o ensino de Geografia, provocar o aluno para que este, pela leitura (tomada aqui em seu mais amplo sentido) de mapas, textos, realidade, procure entendê-la melhor, desmistificando-a, proporcionando um conhecimento mais elaborado da sociedade, tornando possível, portanto, a construção de sua autonomia intelectual, de sua autoestima e de sua cidadania de fato.

Acreditamos que, após essa breve reflexão, recuperamos o sentido do uso do mapa, ou o seu "vir a ser"; resta, agora, refletir sobre a forma como esse meio de comunicação é utilizado, pois entendemos que somente é possível romper ou readequar determinadas práticas se refletirmos sobre elas.

É preciso elaborar a ruptura com essas ações, principalmente com as que temos visto as inúmeras secretarias de Estado e o próprio

MEC encetar, que destituem o docente de sua capacidade de pensar o processo de ensino e aprendizagem, na elaboração de materiais, na formulação de cursos, haja vista que grande parte dessas iniciativas ocorre, em geral, no sentido de inculcar no professor formas de pensar esse processo, metodologias e conteúdos, preestabelecidos por "autoridades" no assunto.

Na verdade, o que estamos questionando não são os chamados cursos de capacitação docente ou de formação continuada; questionamos a ausência, nesses cursos de estratégias, de reflexão, por parte do professor do ensino fundamental e médio, sobre sua prática docente, seus pressupostos, permitindo que construa *per si* um diálogo e a busca por outros encaminhamentos ou proposta de atuação.

Procura-se em geral, nesses encontros, fazer que o professor simplesmente rompa com sua prática pedagógica, sem que ao menos tenha a possibilidade de pensar em sua legitimidade.

Um exemplo desse processo é o entendimento de vários coordenadores, supervisores de ensino, secretarias de educação, que, em grande parte, principalmente após a década de 1980, particularmente no Estado de São Paulo, quase obrigaram o professor a se tornar construtivista.

É importante salientar que essa prática, além de não ser construtivista, pois não possibilitou que esse profissional elaborasse suas próprias reflexões acerca dessa forma de pensar o processo de ensino e aprendizagem, acabou engendrando certas confusões e entendimentos enviesados acerca dessa concepção.

Frisamos também que entendemos que os Parâmetros Curriculares Nacionais de Geografia para o ensino fundamental e médio também não fogem a esse tipo de atitude, tendo em vista que fazem opção clara por uma concepção de aprendizagem (socioconstrutivista) e por um método de entendimento da realidade.

Sob essa perspectiva, podemos questionar a concepção de cidadania do MEC no sentido de romper com ela, tendo em vista que o estabelecimento de falsos consensos é uma estratégia política usual do governo Fernando Henrique Cardoso, principalmente no que se refere às políticas públicas na área de educação.

CONSIDERAÇÕES FINAIS

> como é que chama o nome disso?
> como é que chama o nome disso?
> como é que chama o nome disso?
> como é que chama o nome disso?
> nome disso é rotação
> o nome disso é movimento
> o nome disso é representação
> *(Edgard Scandurra/Arnaldo Antunes –*
> O nome disso)

As reflexões que apontamos ao final deste livro estão colocadas, não apenas tendo como referência o que desenvolvemos até aqui, mas principalmente o que nos lança essas considerações acerca dos conhecimentos cartográficos e da Geografia no ensino fundamental, médio e superior.

Ao debatermos alguns conhecimentos cartográficos, seu ensino, sua importância e a formação docente, recuperamos a dimensão necessária de seus conteúdos para formação geográfica. Nessa perspectiva, colocamos não apenas a elucidação de um discurso que se fez pequeno (a Cartografia é apenas uma técnica), mas também os *traços* que essa visão incorporada e repetida marcaram na formação e na prática dos professores de Geografia. Os depoimentos dos docentes nos revelaram que, em certo momento de sua formação, a "onda da Geografia Humana", ou as exigências ou "bases teóricas" de uma Geografia Crítica acabaram solapando a reflexão sobre a importância desses conhecimentos em domínios amplos que os revelam como necessários à sociedade brasileira.

Por isso, discutir os aspectos das representações sobre os conhecimentos cartográficos, aproximá-los do movimento de renovação da Geografia brasileira, aponta para a necessidade de incluir outras referências e leituras no processo. É preciso reconhecer, portanto, que não caminhamos ou avançamos em partes, mas em totalidade. Quando se rompe com essa integralidade, criam-se dualismos, preconceitos e distorções metodológicas.

Há muito mais o que se resgatar na Geografia.

Ao analisarmos o estado dessas pesquisas no Brasil, percebemos, de um lado, a qualidade dos trabalhos e suas efetivas contribuições; de outro, a quantidade revela que temos muito o que fazer no sentido de repensar a importância dos conhecimentos cartográficos na formação docente e no ensino de Geografia.

A formação de professores, em todos os níveis, é o fundamento para a superação e o rompimento de algumas leituras preconceituosas, unilaterais e parciais existentes na Geografia, e que de alguma forma se fizeram hegemônicas.

É a formação dos professores que se inscreve como um dos trunfos que temos para chegar a uma escola pública de qualidade, não nos esquecendo de que esse processo deve também efetivar-se nas escolas de ensino fundamental e médio, assim como bater às portas da universidade e verificar/transformar o que efetivamente se pratica como ensino em seu interior.

O que verificamos é que, sob o apanágio do "ensino público de qualidade", muitos entendimentos se escondem, reproduzindo problemas de formação que são levados aos níveis anteriores (não inferiores – fundamental e médio) de ensino; portanto, competência e compromisso são discussões que precisam ser projetadas por quem tem a obrigação de realizá-la e em conjunto com os professores: a universidade.

Tal processo concorre com a construção de um outro saber e uma outra formação docente, saber e formação que se incluem no debate não pela busca de hegemonia, como se tem sustentado, mas pela pluralidade e sobretudo reflexão do/no método, conduzindo esses elementos à dimensão de uma possível transformação das diferentes práticas de ensino. Essas questões apontam para a superação das distorções e precária formação conceptual, não apenas de ordem cartográfica, mas, sobretudo, de ordem geográfica.

Diante do explicitado, devemos ainda tecer três considerações, que guardam estreita relação entre si e irão nos permitir pensar na possibilidade de reconciliação entre o ensino de Geografia e os mapas (os conhecimentos cartográficos).

A primeira delas refere-se ao ensino de Geografia. Pudemos verificar que ele tem servido predominantemente, salvo raras exceções, como elemento legitimador de um entendimento de mundo caótico e sincrético, pois os conteúdos trabalhados pouco ou em nada subsidiam o aluno no desvendamento/entendimento da realidade.

As práticas pedagógicas dos professores de Geografia, na maioria das vezes, têm funcionado como elemento legitimador de violência simbólica, quando proporciona a falsa impressão de que os conteúdos trabalhados em sala de aula irão subsidiar um entendimento da lógica das territorializações produzidas pelas mulheres e pelos homens em suas relações com os outros elementos da natureza, por meio do trabalho.

Entendemos que o conjunto de informações e conhecimentos caóticos trabalhados no ensino de Geografia contribuem ainda para que o "vir a ser" dessa disciplina se torne algo presente apenas nos planos de ensino, nas propostas pedagógicas e nos discursos dos docentes.

É preciso, portanto, rever, num primeiro momento, a concepção de Geografia subjacente ao trabalho docente, que por sua vez subsidia sua prática pedagógica, para que possamos ter clareza de sua função nas escolas de ensino fundamental e médio.

É somente com a atitude reflexiva sobre essas questões que poderemos compreender as possibilidades desse "vir a ser" da Geografia, que deverá ser construído por meio de uma prática pedagógica competente e comprometida, politicamente, com um ensino de qualidade.

Uma segunda questão a ser enfatizada, e que já asseveramos, é a quase inexpressividade de pesquisas na área do ensino de Geografia. Essa ausência de estudos e reflexões contribui com a reprodução/ consolidação de práticas pedagógicas pouco competentes, dada a falta de elementos e/ou conhecimentos científicos que subsidiem novas propostas e entendimentos sobre o processo de ensino e aprendizagem.

Predomina, no ensino de Geografia das escolas de ensino fundamental, médio e superior, um conjunto de sincretismos na prática pedagógica docente, principalmente no que se refere ao uso do mapa. Entendemos que esse é o fruto de um pensar/viver a Geografia como ciência e disciplina, de forma pouco competente tecnicamente, num amplo sentido. Esse fato acaba não fornecendo respaldo para um dos sentidos políticos da prática pedagógica, que é diminuir e/ou atenuar o caráter de seletividade da instituição escolar na sociedade brasileira.

Compreendemos que é a partir do momento que se resgatar a competência técnica docente,[1] num amplo sentido, que poderemos pensar num "vir a ser" para o ensino de Geografia. Essa também é, a nosso ver, condição *sine qua non* para que possamos vislumbrar possibilidades de reconciliação entre esse ensino, os mapas e os conhecimentos cartográficos.

A relevância das pesquisas, reflexões e discussões sobre o processo de ensino e aprendizagem de conteúdos específicos deve ser reafirmada, para que se possa pensar na superação, construção e/ ou redimensionamento de um ensino de Geografia, menos caótico e sincrético.

A terceira e última consideração refere-se a alguns "pilares" ou entendimentos consolidados que subsidiam a prática docente, que, por sua vez, são frutos da pouca preocupação (descaso?) que se tem com a pesquisa no ensino de Geografia.

---

1 Segundo Mello, 1988, p.145: "a competência técnica poderia ser objetivada em termos do domínio do conteúdo do saber escolar e dos métodos adequados para transmitir esse conteúdo do saber escolar a crianças que não apresentam as precondições idealmente estabelecidas para sua aprendizagem".

É preciso repensar, no contexto desse último, o significado das palavras "concreto", "próximo" e "cotidiano". Nossas reflexões apontam que muitas vezes, do ponto de vista da construção científica, o conhecimento do professor parece ser próximo, concreto e fazer parte do cotidiano do aluno, mas, do ponto de vista desse último, tal fato não ocorre. Podemos afirmar que, muitas vezes, as representações dos professores e alunos são totalmente diferenciadas, ou possuem diferenças significativas. Em outras palavras, é preciso valorizar e, portanto, apreender, conhecer e compreender as representações que o corpo discente possui, no que se refere aos conteúdos geográficos, para que possamos superar algumas dificuldades de aprendizagem apresentadas por eles.

Quando os professores, em todos os níveis de ensino, se convencerem de que ensino e pesquisa fazem parte de um mesmo processo nas questões referentes ao processo de ensino e aprendizagem é que se poderá vislumbrar a construção de práticas pedagógicas que poderão trazer, em seu bojo, um novo ser para o ensino de Geografia, ou novas propostas capazes de darem sentido para uma disciplina cuja existência na grade escolar é frequentemente questionada.

Trata-se, portanto, de investigar os conhecimentos e representações dos alunos e dos professores, para que se possa resgatar o sentido do ensino de Geografia, que não se completa sem a leitura de mapas. Ao propormos o desvelamento das territorialidades produzidas, faz-se necessário, entre outros, o uso de representações e/ou linguagens adequadas.

A nosso ver, uma das possibilidades para que se supere o atual ser da Geografia e, portanto, do uso que se faz do mapa está na questão da leiturização cartográfica, que não se efetivará sem uma formação de qualidade nos cursos de licenciatura e formação de geógrafos.

Acreditamos que ao procurarem ler e entender as informações cartografadas os alunos poderão se questionar sobre a lógica da territorialização apresentada, sobre os elementos explicativos para que ela tivesse tal configuração, enfim, é dessa forma que alunos estarão procurando apreender e entender a realidade geograficamente.

Ao encetar-se tal ação, acreditamos que a própria Geografia ganhará um novo sentido nas escolas de ensino fundamental e médio, tanto para os professores quanto para os alunos. Aí residirá a possibilidade de reconciliação entre o ensino de Geografia e os mapas. Portanto, a possibilidade do "vir a ser" do ensino da Geografia, discutido por nós, pode ser concretamente construída, a partir da leiturização cartográfica de professores e alunos.

É, portanto, por meio da apropriação dessa e de outras linguagens, que poderemos apreender, entender e agir no e com o mundo. Findamos nossas reflexões com o ponto de vista de Benjamin sobre o dinamismo do conhecimento, entendimento que deve ser incorporado/amalgamado à prática pedagógica docente:

> O fato de que o homem pode ser conhecido de determinado modo engendra um sentimento de triunfo, e também o fato de que ele não pode ser conhecido inteiramente, nem definitivamente, mas é algo que não é facilmente esgotável e contém em si muitas possibilidades [daí sua capacidade de desenvolvimento] é um conhecimento agradável. O fato de que ele é modificável por seu ambiente e que pode modificar esse ambiente, isto é agir sobre ele, gerando consequências – tudo isso provoca um sentimento de prazer. O mesmo não ocorre quando o homem é visto como algo de mecânico, substituível, incapaz de resistência, o que hoje acontece devido a certas condições sociais. O assombro ... deve ser visto como uma capacidade que pode ser aprendida.[2]

Na Geografia, temos a "estranha mania" de ensinar para nossos alunos, quando isso ocorre, que o mundo possui uma mecânica de funcionamento dada pela "natureza natural" e, portanto, extrínseca ao homem; que nós, autodenominados seres humanos, somos perfeitamente substituíveis pelas taxas e pelos indicadores dos estudos de população [que população?]; que todos os fatos acontecem sem que haja movimentos [gritos!] de resistência à desumanização.

Apesar da consolidação dessa visão de mundo, em nossa prática pedagógica docente não ficamos incomodados, tudo parece fazer parte da "ordem natural" das coisas. Para nos livrarmos desse torpor, é preciso nos humanizar, aprender, como diz Benjamin, *a assombrar-se* e indignar-se com o que está ocorrendo a nossa volta, para podermos encetar resistência às ações que objetivam nos negar o direito de humanização e cidadania.

---

2 Benjamin, 1987, p.89.

REFERÊNCIAS BIBLIOGRÁFICAS

ABREU, A. M. V. de. Escala de mapa passo a passo, do concreto ao abstrato. *Revista Orientação,* n.6, p.39-48, 1985.

AGUIAR, V. T. B. Os atlas de Geografia: peso na mochila do aluno. *Geografia e Ensino.* v.6, n.1, p.39-42, 1997.

_____. Considerações em torno da natureza da cartografia. *Boletim do Departamento de Geografia,* n.1, p.15-9, 1964.

_____. As funções da cartografia no curso de Geografia. *Boletim do Departamento de Geografia,* n.2, p.64-72, 1969.

_____. *Aspectos do fato urbano no Brasil – análise quantitativa pelo método cartográfico.* Presidente Prudente: FFCL, 1970. 290p.

ALMEIDA, A. Elementos de um mapa. In: BRASIL. IBGE. *Curso de Geografia para professores do ensino médio.* Rio de Janeiro: Fundação IBGE, 1968. p.179-96.

ALMEIDA, R. D. de. A propósito da questão teórico-metodológica sobre o ensino de Geografia. *Revista Terra Livre* – Prática de ensino em Geografia, n.8, p.83-90, 1991.

_____. *Uma proposta metodológica para a compreensão de mapas geográficos.* São Paulo, 1994 Tese (Doutorado) – Faculdade de Educação, Universidade de São Paulo.

ALMEIDA, R. D. de, PASSINI, E. Y. *O espaço geográfico:* ensino e representação. São Paulo: Contexto, 1989. 90p.

ALTHUSSER, L. *Ideologia e aparelhos ideológicos de Estado*. Lisboa: Presença, 1980. 120p.

ANDRÉ, M. E. D. A. A avaliação da escola e a avaliação na escola. *Cadernos de Pesquisa*, n.74, p.70-93, 1990.

ANTUNES, A. do R., SOIHET, R., PAGANELLI, T. I. Como se constroem relações espaciais. *Revista Sala de aula*, v.I, p.17-22, 1987.

AUMONT, J. *A imagem*. Campinas: Papirus, 1993. 317p.

BAILLY, A. Perception de la ville et déplacements: l'impact de la mobilité sur le comportement: Revue synthétique de la littérature existante. *Cahiers de Géographie de Québec*, v.18, p.525-40, 1974.

BALCHIN, W. G. V. Graficacia. *Revista Geografia*, v.3, p.1-13, 1978.

BARBOSA, R. P. A. Questão do método cartográfico. *Revista Brasileira de Geografia*, n.4, p.117-23, 1967.

BARBOSA, R. P. O método cartográfico. In: BRASIL. IBGE. *Curso de Geografia para professores do ensino superior*. Rio de Janeiro: IBGE, 1968. p.169-76.

BARROSO, C. L. de M., MELLO, G. N. de. O acesso da mulher ao ensino superior brasileiro. *Cadernos de Pesquisa*, v.15, p.47-77, 1975.

BATTRO, A. M. Espaço. In: _____. *O pensamento de Jean Piaget*. Rio de Janeiro: Forense Universitária, 1976a. p.204-12.

_____. Geometria. In: _____. *O pensamento de Jean Piaget*. Rio de Janeiro: Forense Universitária, 1976b. p.213-8.

_____. Imagem mental. In:_____. *O pensamento de Jean Piaget*. Rio de Janeiro: Forense Universitária, 1976c. p.301-12.

_____. Processos figurativos. In: _____. *O pensamento de Jean Piaget*. Rio de Janeiro: Forense Universitária, 1976. p.236d-300

_____. *Dicionário terminológico de Jean Piaget*. São Paulo: Pioneira, 1978. 245p.

BENEVIDES, M. V. Cidadania e justiça. n.21, p.7-15, 1994. (Série Ideias).

BENJAMIN, W. *Obras escolhidas I* – magia e técnica, arte e política. São Paulo: Brasiliense, 1987.

BERTIN, J. *A neográfica e o tratamento gráfico da informação*. Curitiba: Ed. Universidade Federal do Paraná, 1986.

_____. Ver ou ler (Prefácio – Iniciation à la Graphique. S. Bonin, 1975). *Seleção de textos*: cartografia temática. São Paulo: AGB-SP, n.18, maio 1988, p.41-3.

BERTIN, J., GIMENO, R. A lição de Cartografia na escola elementar. *Boletim Goiano de Geografia*, v.2, p.35-56, 1982.

BIAGGIO, A. M. B. A teoria de desenvolvimento intelectual de Piaget. In: _____. *Psicologia do desenvolvimento*. 8.ed. Petrópolis: Vozes, 1988. p.41-83.

BOARD, C. A contribuição do geógrafo para a avaliação de mapas como meio de comunicação de informações. *Geocartografia* – textos selecionados de cartografia teórica, n.3, p.3-23, 1994.

BONIN, S. Novas perspectivas para o ensino da cartografia. *Boletim Goiano de Geografia*, v.2, p.75-87, 1982.

BOURDIEU, P., PASSERON, J. C. *A reprodução* – Elementos para uma teoria do sistema de ensino. Rio de Janeiro: Francisco Alves, 1975.

BRABANT, J. Crise da Geografia, crise da escola. In: OLIVEIRA, A. U. de. (Org.) *Para onde vai o ensino de Geografia?* São Paulo: Contexto, 1989. p.15-23.

BROUSSEAU, G. Le contrat didactique le milieu. *Recherches en didactique des mathématiques*, v.9, p.309-36, 1988.

_____. Utilité et intérêt de la didactique. *Grand N.*, n.47, p.93-114, 1991.

CALLAI, H. C., ZARTH, P. A. *O estudo do município e o ensino de História e Geografia*. Ijuí: Unijuí, 1988. 63p.

CAPEL, H. *Filosofia y Ciencia en la Geografia contemporânea*. 2.ed. Barcelona: Barcanova, 1983.

CAPELETTO, G. A., MARATON, G. J. Noções básicas de orientação e uso da cartografia no Ensino da 5ª série. *Revista de Geografia* – Ensino e Pesquisa, n.4, p.215-31, 1991.

CARRAHER, T. N. *O método clínico:* usando os exames de Piaget. São Paulo: Cortez, 1989. 161p.

CARVALHO, D. de. A interpretação do programa primário. *Revista Orientação*, n.8, p.107-12, 1990.

CARVALHO, M. B. de. A natureza na Geografia do ensino médio. In: OLIVEIRA, A. U. de. (Org.) *Para onde vai o ensino de Geografia?* São Paulo: Cortez, 1989. p.81-108.

CASTNER, H. W. Might there be a Suzuki method in cartographic education? *Cartographica* – New insights in cartographic comunication, v.18, p.59-66, 1981.

CASTORINA, J. A. O debate Piaget-Vygotsky: a busca de um critério para sua avaliação. In: CASTORINA, J. A. et al. *Piaget-Vygotsky:* novas contribuições para o debate. 2.ed. São Paulo: Ática, 1996. p.7-50.

CECCHETI, J. M. *Iniciação cognitiva do mapa.* Rio Claro, 1982. 186p. Dissertação (Mestrado em Geografia) – Instituto de Geociências e Ciências Exatas, Universidade Estadual Paulista.

CHAUÍ, M. de S. Ideologia e educação. *Revista Educação e Sociedade*, n.5, p.7-28, 1980.

_____. *Cultura e democracia:* o discurso competente e outras falas. São Paulo: Cortez, 1990.

CHEVALLARD, Y. *La transposition didactique.* Paris: La Pensée Sauvage, 1991. 240p.

CHRISTOFOLETTI, A. Reestruturação no ensino da Geografia nas escolas de primeiro grau. *Revista Geografia*, v.1, p.105-9, 1976.

CLARET, M. (Coord.). *O pensamento vivo de Karl Marx.* São Paulo: Martin Claret, 1985.

COLINVAUX, D., URE, C. D. Trabajando con adultos no alfabetizados: la construción de la noción de espacio. In: CASTORINA, J. A. et al. *Problemas en psicologia genética.* Buenos Aires: Miño y Dávila, 1989. p.173-235.

CONSELHO FEDERAL DE EDUCAÇÃO. *Currículos mínimos dos cursos de graduação* – Geografia. Brasília: MEC/CFE, 1981. p.400-2.

CORRÊA, J., MOURA, M. L. S. de. Uso de "provas piagetianas" como instrumento diagnóstico: questionando uma prática consensual. *Cadernos de Pesquisa*, n.79, p.26-30, 1991.

CRUZ, M. T. de S. *A Geografia na escola de primeiro grau:* uma proposição teórica sobre a aprendizagem de conceitos espaciais. Rio Claro, 1982. 175p. Dissertação (Mestrado em Geografia) – Instituto de Geociências e Ciências Exatas, Universidade Estadual Paulista.

CUENIN, R. *Cartographie générale:* notions générales et principes d'elaboration. Paris: Eyrolles, 1972.

CURY, C. R. J. *Educação e contradição:* elementos metodológicos para uma teoria crítica do fenômeno educativo. São Paulo: Cortez & Autores Associados, 1992. 134p.

DE BIASI, M. Cartas de declividade: confecção e utilização. *Geomorfologia*, v.21, 1970.

DE BIASI, M. et al. Cartas de orientação de vertentes: confecção e utilização. *Cartografia*, v.4, 1977.

DORNELLES, L. W., DEUSDARÁ, T. *Estudos sociais na escola de primeiro grau*. Rio de Janeiro: Ao Livro Técnico, 1976. 99p.

DREYER-EIMBCKE, O. *O descobrimento da terra*. São Paulo: Melhoramentos/Edusp, 1992. 260p.

DUARTE, P. A. *Escala*: Fundamentos. Florianópolis: Ed. UFSC, 1983.

_____. *Cartografia básica*. Florianópolis: Ed. UFSC, 1989.

FADEL, D. A. F., ALMEIDA, R. D. A questão metodológica no ensino de geografia: uma experiência. *Revista Terra Livre* – Prática de ensino em Geografia, n.8, p.91-100, 1991.

FÉRNANDEZ-ENGUITA, M. *A face oculta da escola*: educação e trabalho no capitalismo. Porto Alegre: Artes Médicas Sul, 1989. 252p.

FERRAZ, C. B. *O discurso geográfico*: a obra de Delgado de Carvalho no contexto da Geografia brasileira – 1913 a 1942. São Paulo, 1994. 163p. Dissertação (Mestrado em Geografia) – Faculdade de Filosofia, Letras e Ciências Humanas, Universidade de São Paulo.

FERREIRA, A. B. de H. *Dicionário Aurélio básico da língua portuguesa*. Rio de Janeiro: Nova Fronteira, 1988.

FERREIRA, G. M. L., MARTINELLI, M. *Atlas geográfico ilustrado*. São Paulo: Moderna, 1994.

_____. Os mapas: como fazê-los sem copiá-los. *Geografia e ensino*. v.6, n.1, p.12-7, 1997a.

_____. Os atlas geográficos para crianças: a alfabetização de sua linguagem. *Geografia e ensino*. v.6, n.1, p.35-9, 1997b.

FERREIRO, E. *Reflexões sobre alfabetização*. 9.ed. São Paulo: Cortez, 1987. 103p.

FOUCAMBERT, J. *A leitura em questão*. Porto Alegre: Artes Médicas Sul, 1994. 157p.

FREIRE, P. *Educação e mudança*. Rio de Janeiro: Paz e Terra, 1979. 79p.

_____. *A importância do ato de ler*. São Paulo: Cortez & Autores Associados, 1982. 96p.

FREUNDSCHUH, S. Can young children use maps to navigate? *Cartographica* – New insights in cartographic comunication, v.27, p.54-66, 1990.

GADOTTI, M. *Educação e compromisso*. Campinas: Papirus, 1986. 171p.

_____. *Concepção dialética da educação*: um estudo introdutório. 8.ed. São Paulo: Cortez & Autores Associados, 1992. 175p.

GAMBOA, S. A. S. A dialética na pesquisa em educação: elementos de contexto. In: FAZENDA, I. *Metodologia da pesquisa educacional*. São Paulo: Cortez, 1989. p.91-116.

GEBRAN, R. A. *Como o rio não cabia no meu mapa, eu resolvi tirá-lo...* – o ensino da Geografia nas séries iniciais do 1° grau. Campinas, 1990. 177p. Dissertação (Mestrado na área de Educação) – Faculdade de Educação, Universidade Estadual de Campinas.

GERBER, R. The development of competence and performance in cartographic language by children at the concrete level of map-reasoning. *Cartographica* – New insights in cartographic comunication, v.21, p.98-115. 1984.

GILMARTIN, P. The interface of cognitive and phychophysical research in Cartography. *Cartografica* – New insights in cartographic comunication, v.18, p.9-20, 1981.

GINZBURG, C. *O queijo e os vermes*. São Paulo: Companhia das Letras, 1987. 309p.

GIORDAN, A. (Coord.). *L'élève et/ou les connaissances scientifiques*. Suisse: Peter Lang, 1994. 174p.

GOES, L. E. L. *O ensino/aprendizagem das noções de latitude e longitude no primeiro grau*. Rio Claro, 1982. 182p. Dissertação (Mestrado em Geografia) – Instituto de Geociências e Ciências Exatas, Universidade Estadual Paulista.

GOMES, A. A. *Formação de professores:* a dimensão do compromisso político. Marília, 1993 Dissertação (Mestrado em Educação) – Faculdade de Filosofia e Ciências, Universidade Estadual Paulista.

GRAMSCI, A. *Os intelectuais e a organização da cultura*. Rio de Janeiro: Civilização Brasileira, 1968. 244p.

GRÍGOLI, J. A. G. *A sala de aula na universidade na visão dos seus alunos*: um estudo sobre a prática pedagógica na universidade. São Paulo, 1990. Tese (Doutorado em Educação), Pontifícia Universidade Católica.

GROSSI, E. P., BORDIN, J. (Org.) *Construtivismo pós-piagetiano*: um novo paradigma sobre aprendizagem. Petrópolis: Vozes, 1993. 224p.

GUERRA, A. T. Interpretação de aspectos físicos no mapa. In: BRASIL. IBGE. *Curso de Geografia para professores do ensino médio*. Rio de Janeiro: Fundação IBGE, 1968. p.183-96.

HARLEY, J. B. Deconstructing the map. *Cartographica* – New insights in cartographic comunication, v.26, p.1-20, 1989.

HUBERMAN, L. *História da riqueza do homem.* 21.ed. Rio de Janeiro: Guanabara, 1986. 313p.

IDE, M. de L. T. *A percepção do espaço urbano por crianças de 5ª série do 1º grau.* Presidente Prudente, 1987. (Monografia apresentada ao Instituto de Pesquisas Ambientais, Unesp, campus de Presidente Prudente, para a obtenção do título de Bacharel em Geografia).

JAPIASSU, H., MARCONDES, D. *Dicionário básico de Filosofia.* Rio de Janeiro: Jorge Zahar, 1990. 265p.

JOLY, F. *A cartografia.* Campinas: Papirus, 1990. 136p.

JOSHUA, S., DUPIN, J. *Introduction à la didactique des sciences et des mathématiques.* Paris: Presses Universitaires de France, 1993. 422p.

KATUTA, Â. M. *As noções de espaço envolvidas nas compreensão de mapas em crianças.* Presidente Prudente, 1992. 59p. (Relatório final de estágio voluntário apresentado ao Departamento de Educação da Faculdade de Ciências e Tecnologia, Unesp, campus de Presidente Prudente).

_____. *Um breve histórico sobre a construção de mapas e o seu uso por alunos de 5ª e 8ª séries do 1º grau* – Estudo de caso. Presidente Prudente, 1993. 207p. (Monografia de Bacharelado apresentada ao Conselho de graduação em Geografia da Faculdade de Ciências e Tecnologia, Unesp, Campus de Presidente Prudente, para obtenção do título de Bacharel em Geografia).

_____. *Ensino de Geografia x mapas:* em busca de uma reconciliação... Presidente Prudente, 1997. Dissertação (Mestrado em Geografia) – Faculdade de Ciências e Tecnologia, Universidade Estadual Paulista.

KAYSER, B. O geógrafo e a pesquisa de campo. *Seleção de textos,* n.11, p.25-43, 1985.

KELLER, E. Interpretação de cartas. In: BRASIL. IBGE. *Curso de Geografia para professores do ensino médio.* Rio de Janeiro: Fundação IBGE, 1968. p.57-65.

KLAUSNER, I. Elementos de cartografia. In: BRASIL. IBGE. *Curso de Geografia para professores do ensino médio.* Rio de Janeiro: Fundação IBGE, 1968. p.50-63.

KOEMAN, C. O princípio da comunicação em cartografia. *Geocartografia* – textos selecionados de cartografia teórica, n.5, p.3-11, 1995.

KOLACNY, A. Informação cartográfica: conceitos e termos fundamentais na cartografia moderna. *Geocartografia* – textos selecionados de cartografia teórica, n.2, p.3-11, 1994.

KUENZER, A. *O ensino de 2º grau:* o trabalho como princípio educativo. São Paulo: Cortez, 1988.

LACOSTE, Y. A Geografia. In: CHATELET, F. (Org.) *A filosofia das ciências sociais.* Rio de Janeiro: Zahar, 1974. p.221-74.

_____. Pesquisa e trabalho de campo. *Seleção de textos,* n.11, p.1-23, 1985.

_____. *Geografia:* isso serve, em primeiro lugar, para fazer a guerra. Campinas: Papirus, 1988a. 263p.

_____. Os objetos geográficos. *Seleção de textos:* Cartografia temática. n.18, p.1-16, 1988b.

LADOUCEUR, M. Identidade nacional: imagem do Brasil e os discursos de Geografia. *Caderno Prudentino de Geografia,* n.11, p.5-9, 1989.

LAJONQUIÈRE, L. de. *De Piaget a Freud*: para repensar as aprendizagens. A (psico)pedagogia entre o conhecimento e o saber. Petrópolis: Vozes, 1992. 253p.

LANMAN, J. T. The religious symbolism of the T in T-O maps. *Cartographica* – New insights in cartographic comunication, v.18, p.18-22, 1984.

LE SANN, J. G. Documento cartográfico: considerações gerais. *Geografia e ensino.* n.3, p. 3-7, 1983.

_____. Percepção do espaço na primeira série do primeiro grau. *Geografia e ensino.* n.13/14, p.43-50, 1992.

_____. Mapa: um instrumento para aprender o mundo. *Geografia e ensino,* v.6, n.1, p.25-30, 1997a.

_____. Dar o peixe ou ensinar a pescar? Do papel do atlas escolar no ensino fundamental. *Geografia e ensino,* v.6, n.1, p.31-4, 1997b.

_____. A Cartografia do livro didático: análise de alguns livros utilizados no estado de Minas Gerais em 1996. *Geografia e ensino,* v.6, n.1. p.43-8, 1997c.

LEFEBVRE, H. *Lógica formal e lógica dialética.* 5.ed. Rio de Janeiro: Civilização Brasileira, 1983. 301p.

LEONEL, Z. *Geografia*: Do discurso pedagógico a uma questão anterior a qualquer discussão. São Carlos, 1985. 155p. Dissertação (Mestrado em Educação) – Centro de Educação e Ciências Humanas, Universidade Federal de São Carlos.

LERNER, D. O ensino e o aprendizado escolar: argumentos contra uma falsa oposição. In: CASTORINA, J. A. et al. *Piaget-Vygotsky*: novas contribuições para o debate. 2.ed. São Paulo: Ática, 1996. p.85-146.

LIBÂNEO, J. C. *Democratização da escola pública:* a pedagogia crítico--social dos conteúdos. São Paulo: Loyola, 1987.

LIBAULT, A. *Geocartografia.* São Paulo: Cia. Ed. Nacional, Edusp, 1975. 388p.

LIMA, S. T. Análise crítica das representações cartográficas nos livros didáticos de 1º e 2º graus. *Boletim Paulista de Geografia*, n.70, p.53-64, 1992.

LOWY, M. *As aventuras de Karl Marx contra o Barão de Munchausen:* marxismo e positivismo na sociologia do conhecimento. São Paulo: Busca Vida, 1987.

LUDKE, M., ANDRÉ, M. E. D. A. *Pesquisa em educação:* Abordagens qualitativas. São Paulo: EPU, 1986. 99p.

LUKÁCS, G. *Ontologia do ser social:* os princípios ontológicos fundamentais em Marx. São Paulo: Livraria Ciências Humanas, 1979. 174p.

LURIA, A. R. *Pensamento e linguagem*: as últimas conferências de Luria. Porto Alegre: Artes Médicas Sul, 1986. 251p.

MACEDO, L. de. Para uma aplicação pedagógica da obra de Jean Piaget: algumas considerações. *Caderno de pesquisas*, n.51, p.68-71, 1987.

MACHADO, L. M. P., OLIVEIRA, L. de. Como adolescentes percebem geograficamente o espaço através de mapas e pré-mapas. *Revista Geografia*, n.5, p.49-66, 1980.

MAGNOLI, D., ARAÚJO, R. Reconstruindo muros – Crítica da Proposta Curricular de Geografia da CENP – SP. *Revista Terra Livre* – Prática de ensino em Geografia, n.8, p.111-9, 1991.

MARMÈCHE-CAUZINILLE E., BARAIS-WEIL, A. Quelques causes possibles d'échec em mathématiques et en sciences physiques. *Psychologie Française*, n.34, p.277-83, 1989.

MARTINELLI, M. *Comunicação cartográfica e os atlas de planejamento.* São Paulo, 1984. Tese (Doutorado em Geografia) – Faculdade de Filosofia, Letras e Ciências Humanas, Universidade de São Paulo.

_____. *Curso de Cartografia temática.* São Paulo: Contexto, 1991.

_____. Orientações semiológicas para as representações da geografia: mapas e diagramas. *Revista Orientação*, n.8, p.53-62, 1990.

MARX, K. *Crítica do programa de Gotha.* Rio de Janeiro: Ciência e Paz, 1984, 109p.

MASSON, M. La géographie enseignée: sciense ou discours banalisé? Application de l'analyse des contenus au discours géographique. *L'information Géographique*, n.4, p.168-71, 1990.

MELLO, G. N. de. *Magistério de 1º grau*: da competência técnica ao compromisso político. São Paulo: Cortez/Autores Associados, 1988. 151p.

_____. *Cidadania e competitividade:* desafios educacionais para o terceiro milênio. São Paulo: Cortez, 1995.

MELO, J. G. O ponto de apoio. *Caderno Prudentino de Geografia,* n.13, p.6-9, 1991.

MICOTTI, M. C. de O. A elaboração de estruturas cognitivas – A representação do Espaço. In: _____. *Piaget e o processo de alfabetização.* 2.ed. São Paulo: Pioneira, 1987. p.87-100.

MIZUKAMI, M. da G. N. *Ensino*: as abordagens do processo. São Paulo: EPU, 1986. 119p.

MONBEIG, P. Os novos modos de pensar na Geografia Humana. *Boletim Paulista de Geografia – 40 anos,* n.68, p.45-50, 1994.

MONMONIER, M. How to lie with maps. Chicago: University of Chicago Press, 1991. Resenhado por MERSEY, J. E. *Cartographica* – New insights in cartographic comunication, v.28, p.99-100, 1991.

MONTARDO, D. K., GRANELL, M. Del C. (Orgs.). *Representação do espaço:* caderno de atividades. Ijuí: Unijuí, 1988. 75p.

MORAES, A. C. R. *Geografia* – Pequena história crítica. São Paulo: Hucitec, 1984.

_____. Renovação da geografia e filosofia da educação: dúvidas não sistemáticas. *Revista Orientação,* n.7, p.7-10, 1986.

MOREIRA, R. *O discurso do avesso (*Para a crítica da Geografia que se ensina*).* Rio de Janeiro: Dois Pontos, 1987. 190p.

_____. Assim se passaram dez anos (a renovação da geografia no Brasil 1978-1988). *Caderno Prudentino de Geografia,* n.14, p.3-39, 1992.

_____. *O círculo e a espiral:* A crise paradigmática do mundo moderno. Brasil: Obra Aberta, 1993a. 142p.

_____. *O que é Geografia?* 3.ed. São Paulo: Brasiliense, 1993b. 113p.

MORSE, W. C., WINGO, M. Como crianças formam conceitos matemáticos. *Maneiras de aprender.* São Paulo: Ed. Nacional, Edusp, 1968. p.320-7.

NIDELCOFF, M. T. *A escola e a compreensão da realidade.* 18.ed. São Paulo: Brasiliense, 1990. 103p.

NOSELLA, M. L. C. D. *As belas mentiras.* São Paulo: Cortez & Moraes, 1979.

NOSELLA, P. Compromisso político como horizonte da competência técnica. *Educação e Sociedade,* n.14, p.91-7, 1983.

OHWEILER, O. A. *Materialismo histórico e crise contemporânea.* Porto Alegre: Mercado Aberto, 1984. 302p.

OLIVEIRA, A. U. de. A Geografia no ensino superior: situação e tendências. *Revista Orientação,* n.5, p.29-31, 1984.

_____. Educação e ensino de geografia na realidade brasileira. *Desalambar,* n.6, p.3-12, 1987.

_____. (Org). *Para onde vai o ensino de Geografia?* São Paulo: Contexto, 1989.

OLIVEIRA, C. *Curso de Cartografia moderna.* Rio de Janeiro: IBGE, 1993a.

_____. *Dicionário Cartográfico.* Rio de Janeiro: IBGE, 1993b.

OLIVEIRA, L. O conceito geográfico de Espaço. *Boletim de Geografia Teorética,* n.4, p.4-21, 1972.

_____. *Estudo metodológico e cognitivo do mapa.* São Paulo: USP/IG, 1978.

_____. A construção da noção de descentração territorial por alunos do primeiro grau. *Revista Orientação,* n.6, p.5-20, 1985.

OLIVEIRA, L. de, MACHADO, L. M. C. P. Como adolescentes percebem, geograficamente, relações espaciais topológicas e euclidianas, através de mapas e pré-mapas. *Boletim de Geografia Teorética,* n.5, 1975, p.33-62.

OTTOSSON, T. What does it take to read a map? *Cartographica* – New insights in cartographic comunication, v4, p.28-35, 1988.

PAGANELLI, T. Y. Para a construção do espaço geográfico na criança. *Revista Terra Livre* , n.2, p.129-48, 1987.

PAGANELLI, T. Y., ANTUNES, A. do R., SOIHET, R. A noção de Espaço e Tempo. *Revista Orientação,* n.6, p.21-38, 1985.

PAIVA, V. *Educação popular e educação de adultos.* São Paulo: Loyola, 1973.

PAIVA, V. P. *O ensino e dilemas da educação popular.* Rio de Janeiro: Graad, 1984.

PARO, V. *Administração escolar*: introdução à crítica. São Paulo: Cortez Autores Associados, 1991.

PASSINI, E. Y. *Alfabetização cartográfica.* Belo Horizonte: Editora UFMG, 1994.

_____. As representações gráficas e sua importância para a formação do cidadão. *Geografia e Ensino*, v.6, n.1, p.17-25, 1997.

PEIXOTO, A. J. *Alienação e educação*: a divisão do trabalho como alienação da atividade docente. Campinas, 1991, Dissertação (Mestrado em Educação), Pontifícia Universidade Católica.

PENTEADO, H. D. *Metodologia do ensino de História e Geografia*. São Paulo: Cortez, 1991. 187p.

PEREIRA, D. Geografia escolar: Conteúdos e/ou objetivos? Caderno Prudentino de Geografia, n.17, p.62-74, 1995.

_____. Geografia escolar: uma questão de identidade. *Cadernos Cedes*, n.39, p.47-56, 1996.

PEREIRA, D., SANTOS, D., CARVALHO, M. B. de. A geografia do 1º grau: algumas reflexões. *Revista Terra Livre*, n.8, p.121-31, 1991.

PEREIRA, R. M. F. do A. *Da geografia que se ensina à gênese da Geografia Moderna*. Florianópolis: Ed. da UFSC, 1993. 131p.

PETCHENIK, B. B. Cognição em cartografia. *Geocartografia* – textos selecionados de cartografia teórica, n.6, p.3-15, 1995.

PIAGET, J. *A construção do real na criança*. Rio de Janeiro: Zahar, 1970.

_____. *A formação do símbolo na criança*: imitação, jogo e sonho, imagem e representação. 2.ed. Rio de Janeiro: Zahar/INL, 1975.

_____. *Psicologia da inteligência*. Rio de Janeiro: Fundo de Cultura, 1976a.

_____. *Seis estudos de psicologia*. Rio de Janeiro: Forense Universitária, 1976b.

PIAGET, J. et al. *La epistemologia del Espacio*. Buenos Aires: 1971.

PIAGET, J., INHELDER, B. *A psicologia da criança*. São Paulo: Difusão Europeia do Livro, 1968.

_____. *Da lógica da criança à lógica do adolescente*. São Paulo: Pioneira, 1976.

_____. *A representação do espaço na criança*. Porto Alegre: Artes Médicas Sul, 1993. 507p.

PINO, A. *Do gesto à escrita*: origem da escrita e sua apropriação pela criança, n.19, p.97-108, 1993. (Série Ideias).

PONTUSCHKA, N. N. Educação pelo trabalho. *Revista Orientação*, n.8, 1990, p.97-9.

_____. O perfil do professor e o ensino/aprendizagem da geografia. *Cadernos Cedes*, n.39, p.57-63, 1996.

PULASKI, M. A. S. Espaço. In: _____. *Compreendendo Piaget:* uma introdução ao desenvolvimento cognitivo da criança. Rio de Janeiro: Guanabara, 1986. p.158-66.

QUAINI, M. *Marxismo e Geografia.* Rio de Janeiro: Paz e Terra, 1979.

RAISZ, E. *Cartografia geral.* Rio de Janeiro: Científica, 1969. 414p.

RANDLES, W. G. L. *Da terra plana ao globo terrestre*: uma mutação epistemológica rápida (1480-1520). Campinas: Papirus, 1994. 162p.

RESENDE, M. S. *Geografia do aluno trabalhador*: caminhos para uma prática de ensino. São Paulo: Loyola, 1986a. 181p.

_____. O saber do aluno e o ensino de Geografia. *Revista Brasileira de Estudos Pedagógicos*, v.67, p.380-401, 1986b.

RIBEIRO, M. L. S. *A formação política do professor de 1º e 2º graus.* São Paulo: Cortez, 1984.

RIMBERT, S. *Leçons de cartographie thématique.* Paris: Sedes, 1968. 139p.

RODRIGUES, N. *Estado, educação e desenvolvimento econômico.* São Paulo: Cortez & Autores Associados, 1987. 158p.

_____. *Lições do príncipe e outras lições.* São Paulo: Cortez & Autores Associados, 1988.111p.

RUA, J. et al. *Para ensinar geografia.* Contribuição para o trabalho com 1º e 2º graus. Rio de Janeiro: Access, 1993. 310p.

RUFFINO, S. M. V. C. A construção do conceito de espaço e o ensino de geografia. *Caderno Prudentino de Geografia*, n.17, p.94-114, 1995.

_____. A percepção do espaço e a distinção entre o objeto e seu nome. *Cadernos Cedes*, n.39, p.88-96, 1996.

SALICHTCHEV, K. A. Algumas reflexões sobre o objeto e o método da cartografia depois da Sexta Conferência Cartográfica Internacional. *Seleção de textos*: cartografia temática, n.18, p.17-23, 1988.

SANCHEZ, M. C. A cartografia como técnica auxiliar da Geografia. *Boletim de Geografia Teorética*, n.6, p.31-5, 1973.

SANDFORD, H. A. Maps design for children. *The bulletin of the society of University Cartographers*, v.14, p.39-48, 1980.

SANTAELLA, L. *O que é semiótica.* 8.ed. São Paulo: Brasiliense, 1983. 114p.

SANTOS, D. Conteúdo e objetivo pedagógico no ensino de Geografia. *Caderno Prudentino de Geografia*, n.17, p.20-61, 1995.

_____. A tendência à desumanização dos espaços pela cultura técnica. *Cadernos Cedes*, n.39, p.22-46, 1996.

SANTOS, M.M.D. Representação gráfica da informação geográfica. *Geografia*, n.23, p.1-14, 1987.

_____. *O sistema gráfico de signos e a construção de mapas temáticos por escolares*. Rio Claro, 1990. (Doutorado em Geografia) – Instituto de Geociências e Ciências Exatas, Universidade Estadual Paulista.

SANTOS, M. M. D., LE SANN, J. G. A cartografia do livro didático de geografia. *Geografia e ensino*, v.7, p.3-38, 1985.

SÃO PAULO (Estado). Secretaria da Educação. Coordenadoria de Estudos e Normas Pedagógicas. *Localização espacial*. São Paulo: SE/CENP, 1980.

_____. Secretaria da Educação. *Programa de reforma do ensino público do Estado de São Paulo*. São Paulo: SE/CENP, 1991.

_____. Governo do Estado de São Paulo. *Diário Oficial do Estado – DOU*. São Paulo, Seção 1, n.93, p.46. 19.5.1992.

_____. Secretaria da Educação. Coordenadoria de Estudos e Normas Pedagógicas. *Proposta curricular para o ensino de Geografia, primeiro grau*. 7.ed. São Paulo: SE/CENP, 1992a. 149p.

_____. Secretaria da Educação. *Programa para o aperfeiçoamento de professores da rede estadual de ensino*. São Paulo: SE/FDE, 1992b.

SAVIANI, D. *Educação*: do senso comum à consciência filosófica. São Paulo: Cortez & Moraes, 1980.

_____. *Escola e democracia*. São Paulo: Cortez & Autores Associados, 1983a. 96p.

_____. Competência política e compromisso técnico. *Educação e Sociedade*, n.15, p.141-3, 1983b.

_____. *Pedagogia histórico-crítica*: primeiras aproximações. São Paulo: Cortez & Autores Associados, 1991.

SCHMIED-KOWARZIK, W. *Pedagogia dialética*: de Aristóteles a Paulo Freire. São Paulo: Brasiliense, 1983. 142p.

SERRA, E. Noções de "espaço" e "tempo" em Geografia. *Boletim de Geografia*, v.2, n.2, p.3-16, 1984.

SILVA, J. I. *Formação do educador e educação política*. São Paulo: Cortez & Autores Associados, 1992.

SIMIELLI, M. E. R. *O mapa como meio de comunicação:* Implicações no ensino da Geografia do 1º grau. São Paulo, 1986. 205p. Tese (Doutorado em Geografia) – Faculdade de Filosofia, Letras e Ciências Humanas, Universidade de São Paulo.

_____. *Primeiros mapas*. São Paulo: Ática, 1993a. 4v.

_____. *Primeiros mapas* (Caderno de atividades). São Paulo: Ática, 1993b. 4v.

SIMIELLI, M. E. R. et al. Do plano ao tridimensional: a maquete como recurso didático. *Boletim Paulista de Geografia*, n.70, p.5-21, 1992.

SOUZA, J. G. de. *O conceito de trabalho no livro didático de Geografia 1969-1979*. Presidente Prudente, 1991. 155p. (Monografia apresentada à Faculdade de Ciências e Tecnologia, Unesp, campus de Presidente Prudente, para a obtenção do título de Bacharel em Geografia).

_____. *Cartografia e formação docente*. Presidente Prudente, 1994. 204p. Dissertação (Mestrado em Geografia) – Faculdade de Ciências e Tecnologia, Universidade Estadual Paulista.

_____. Pós-graduação: um "estado" do sujeito. *Revista Formação*, n.2, p.69-88, 1995.

_____. A Geografia e o livro didático: a ideia do concreto. *Didática*, v.31, 1996, p.109-32.

_____. Proposta de "Geografia da CENP": saber instituinte e instituído. ENCONTRO NACIONAL DE HISTÓRIA DO PENSAMENTO GEOGRÁFICO, n.I, 1999, Rio Claro-SP. In: *Anais do I Encontro Nacional de História do Pensamento Geográfico*. Rio Claro: IGCE/Unesp, 1999. p.261-8.

SOUZA, J. G. de, ALVES, W. R. Geografia e Método: o pesquisador entre a janela e a calçada. *Universitas: Ciências Humanas e da Saúde*, v.6, p.11-20, 1996.

SPÓSITO, E. S. Percepção do espaço e a formação do horizonte geográfico. *Revista de Geografia*, n.3, p.87-107, 1982.

TEIXEIRA NETO, A. Imagem ... e imagens. *Boletim Goiano de Geografia*. n.1, p.123-35, 1982.

VASQUEZ, A. S. *Filosofia da práxis*. Rio de Janeiro: Paz e Terra, 1997.

VESENTINI, J. W. Ensino de geografia e luta de classes. *Revista Orientação*, n.5, p.33-6, 1984.

_____. Geografia crítica e ensino. *Revista Orientação*, n.6, p.53-8, 1985.

_____. A questão do livro didático no ensino de Geografia. In: _____. (Org.) *Geografia e ensino*: textos críticos. Campinas: Papirus, 1989. p.161-79.

_____. *Para uma geografia crítica na escola*. São Paulo: Ática, 1992. 135p.

VLACH, V. R. F. O ensino da Geografia e a imagem da pátria. ENCONTRO REGIONAL DE GEOGRAFIA, n.II, 1984, Londrina. In: *Anais do II Encontro Regional de Geografia,* Londrina: AGB/UEL, 1984, p.68-9.

_____. Ideologia do nacionalismo patriótico. In: OLIVEIRA, A. U. de. (Org.) *Para onde vai o ensino de geografia?* São Paulo: Contexto, 1989. p.39-46.

_____. *Geografia em debate.* Belo Horizonte: Lê, 1990.

_____. Da ideologia no ensino da geografia de 1° e 2° graus. *Revista Orientação*, n.9, p.27-32, 1992.

VYGOTSKY, L. S. *Pensamento e linguagem.* São Paulo: Martins Fontes, 1989. 135p.

_____. *A formação social da mente.* São Paulo: Martins Fontes, 1991. 168p.

VYGOTSKY, L. S., LURIA, R. A., LEONTIEV, A. N. *Linguagem, desenvolvimento e aprendizagem.* 3.ed. São Paulo: Ícone, Edusp, 1988. 228p.

WERNECK, V. R. *A ideologia na educação:* um estudo sobre a interferência da ideologia no processo educativo. Petrópolis: Vozes, 1982. 139p.

WETTSTEIN, G. O que se deveria ensinar hoje em geografia. In: OLIVEIRA, A. U. de. (Org.) *Para onde vai o ensino de geografia?* São Paulo: Contexto, 1989. p.125-34.

WOOD, D. Cultured symbols/throughts on the cultural context of cartographic symbols. *Cartographica* – New insights in cartographic comunication, v. 21, p.9-37, 1984.

_____. The history of cartography. *Cartographica* – New insights in cartographic comunication (Toronto), v.24, p.69-78, 1987.

SOBRE O LIVRO

Formato: 14 x 21 cm
Mancha: 23 x 43 paicas
Tipologia: Classical Garamond 10/13
Papel: Off-set 75 g/m² (miolo)
Cartão Supremo 250 g/m² (capa)
1ª edição: 2001
3ª reimpressão: 2015

EQUIPE DE REALIZAÇÃO

Produção Gráfica
Sidnei Simonelli

Edição de Texto
Nelson Luís Barbosa (Assistente Editorial)
Ana Luiza Couto (Preparação de Original)
Ana Luiza Couto e
Carlos Villarruel (Revisão)
Lilian Garrafa (Atualização Ortográfica)

Editoração Eletrônica
Casa de Ideias (Diagramação)

Impressão e acabamento